释放

别让心灵承载太多重量

社会的飞速发展,压力无所不在,谁也躲避不了。学会释放压力是人们获得身心平衡的基石,更是提升我们生活与工作质量的重要法宝。是做个压力下的懦弱者,还是做个真正的勇士,全看你自己。

中国华侨出版社

图书在版编目（CIP）数据

释放：别让心灵承载太多重量/孙颢编著. —北京：中国华侨出版社，2011.9
ISBN 978－7－5113－1699－8

Ⅰ.Ⅰ.①释… Ⅱ.①孙… Ⅲ.①压抑（心理学）－通俗读物
Ⅳ.①B842.6－49

中国版本图书馆CIP数据核字（2011）第176912号

● 释放：别让心灵承载太多重量

编　　著	孙　颢
责任编辑	李　晨
经　　销	新华书店
开　　本	710×1000毫米　1/16　印张 15　字数 200千字
印　　数	5001-10000
印　　刷	北京一鑫印务有限责任公司
版　　次	2013年5月第2版　2018年3月第2次印刷
书　　号	ISBN 978－7－5113－1699－8
定　　价	29.80元

中国华侨出版社　北京市朝阳区静安里26号通成达大厦3层　邮编100028
法律顾问：陈鹰律师事务所
编辑部：（010）64443056　　64443979
发行部：（010）64443051　　传真：64439708
网　址：www.oveaschin.com
e-mail：oveaschin@sina.com

Preface 前言

"压力"是现代人讨论的一个热门话题,许多人都在诉说着自己生活中的压力、工作中的压力、婚姻中的压力……"压力"就好像是一个难以摆脱的梦魇,总是缠绕在每个人的身边,而他们的心灵也在压力的打击下,变得不堪重负。于是,释放心灵的压力,成为了每个人所追寻的目标。

相信没有一个人愿意活在压力之下,承受那种即将窒息的痛苦。但是,人生总是有很多的无奈,有些东西并不是自己愿意就可以避免的。"压力"并非拿棒子将它赶走,它就可以从此消失,因为我们每天面对的世界是在不断改变的,而每天面对的情况也不尽相同,"压力"的形态也是各种各样的。其实将压力赶离自己的生活,也不是不可以。

在生活中,你可以做一个善于偷懒的人,没必要整天将自己陷入紧张之中,事情总是做不完的,与其你在疲劳中做事,倒不如偷个小懒,让自己的精力恢复之后再做事,做事的效率不同,收到的成效也不同。

做一个懂得生活的人,不要让物质和金钱主导自己的人生,人这一辈子,说长不长,说短也不短,要是一辈子都像蜗牛一般扛着自己的重量——房子爬行的话,估计还没有到终点,就已经倒下了。人们没必要在琐碎繁重的生活中,将自己累个半死。既然卸不掉生活的重担,就要学着将它分成很多的小份,这样扛起来也轻松一些。

工作是人们一生中占比例最大的一部分,因为人们想要生存,就必须工作。如何与老板以及同事相处很好，是首先要解决的事情。解决得好，从此你的工作就会轻松舒服很多，升职、加薪的压力也就不会那么大。要是处理不当，那么层层的压榨，足以让你弃械投降，另寻他路。如何在工作中获得成功，也要讲究诀窍，对人对事的方式，足以影响一个人在职场中的成败。

亲情、友情是一个人最割舍不下的感情。但是与亲人和朋友相处，有时候难免会产生一些不必要的误会，让自己的心灵受到伤害，以至于承担一些不必要的重量。其实，亲人和朋友对我们是最宽容的，我们只要用真心去对待他们，不要把他们对自己的好当做一件理所当然的事情忽略就行了。他们不会要求我们回报什么，但是我们也绝对不能让自己的心灵在亲情和友情这两方面负重。学会感恩，错了的时候说声"对不起"，受到帮助的时候说句"谢谢"，虽然两句话很简单，但是却可以温暖对方的心灵。

爱情是所有人最向往的东西，似乎它一直是甜蜜、美好的代名词。但是，爱情确是一个人一生中最重要的一份感情，也是对他影响最大的感情。爱情是婚姻的前提，而婚姻是爱情的载体，在爱情中，你选择了陪伴自己一生的伴侣；在婚姻中，你和自己的伴侣尝尽了生活的酸甜苦辣。你可以因为婚姻而成功，也可能会因为婚姻而自暴自弃。婚姻是每个人心灵上无法丢弃的负重，只有用心经营，在支持和赞美的艺术中才能将这点重量变成催人上进的砝码。

不管是上班族还是居家族，不管是男人还是女人，都可以看看这本书。学着卸下自己心灵上的负重，学着让自己的生活零负担，让"压力"不再盘踞在自己和亲人、朋友的身边；也不要让自己的婚姻在"压力"中变形。

Contents 目录

篇一 修为篇

第一章 打开心灵枷锁——让你的生活零负重 / 2

1. 不要让心灵成为黑暗中的囚徒 / 2
2. 丢掉心灵的枷锁,不要将自己埋在琐碎中 / 6
3. 为心灵减减压,忙里偷闲是一种乐趣 / 9
4. 让心灵自由呼吸 / 12
5. 别让冷漠蒙上心灵的眼睛 / 16
6. 打开心灵的窗户,爱其实就在你身边 / 19
7. 只有放松,你才能走得更远 / 23
8. 拿心灵绘制生命的蓝图,懂得知足 / 27

第二章 卸去心灵重担——拒绝做负重的蜗牛 / 31

1. 别让心灵成为负重的蜗牛 / 31
2. 让心灵去旅游 / 35

3. 用心去感受，时刻怀着一颗感恩的心 / 39

4. 除去心灵上的污垢，金钱不代表一切 / 43

5. 为心灵调味，爱上生活的柴米油盐 / 46

6. 为心灵找个"健身教练" / 49

7. 用心享受生活，美景其实就在眼前 / 52

8. 让心灵自由地飞翔，追求生活的真谛 / 57

篇二　职场篇

第三章　放下心灵压力——轻松步入职场 / 62

1. 用心灵赶路，梦想是奋斗的动力 / 62

2. 不要给心灵加压，职场并非想象中那么可怕 / 66

3. 换个适合职场的形象 / 70

4. 心灵也讲究美德，谦虚可以叩开职场的大门 / 74

5. 用心灵沟通，要有团队意识 / 77

6. 为心灵做个美容，工作的态度很重要 / 81

7. 心灵不适合太累，同事之间也可以相亲相爱 / 84

8. 找到心灵的向导，责任让你拥有魅力 / 88

第四章　做个心灵SPA——"职来职往"你是大赢家 / 93

1. 心灵也会有感觉，帮人就是帮己 / 93

2. 心灵需要"加油站"，勇气可以抓住机会 / 97

3. 吃亏也是积累运气 / 101

4. 用心灵谱曲，让幽默化解所有的尴尬 / 104

5. 别让心灵变得麻木，随机应变可以让工作更轻松 / 108

6. 让心灵开路，自信是成功的必需因素 / 111

7. 和心灵共鸣，用自尊增加你夺取成功的筹码 / 115

8. 放飞你的心灵，诚信是成功的密钥 / 119

篇三　亲友篇

第五章　为心灵谱曲——让隔代的硝烟熄火 / 124

1. 因为有心所以在意，学会倾听父母的唠叨 / 124
2. 爱之深，不一定要责之切 / 128
3. 温暖心灵的魔力，用爱解开你心中的结 / 131
4. 用"对不起"扫开笼罩在心灵上面的阴霾 / 134
5. 找到摇曳在心灵深处的那份理解 / 138
6. 雕琢你的心灵，耐心可以让一切变得更美好 / 141
7. 开在心灵上的花朵，亲情可以照亮你前进的道路 / 144
8. 睁开心灵的眼睛，正视父母的关怀 / 147

第六章　让心灵歌唱——友情并不是一句空话 / 151

1. 心与心之间的交流，找到友情的沸点 / 151
2. 不要让心灵流泪，"对不起"和"谢谢"创造的奇迹 / 155
3. 沉默只会让心灵负重 / 158
4. 微笑的心灵是友谊最动听的音符 / 162
5. 做个心灵的守护者，宽容是最大的救赎 / 165
6. 为心灵找个起飞点，分享可以增进友爱 / 169

7. 倾听心灵的声音，相信就是支持 / 172

8. 主动地低头可以让心灵这样轻松 / 175

篇四　情感篇

第七章　带心灵跳一段华尔兹——让爱情没有负担 / 180

1. 分担心灵的承载，悲伤和快乐可以拆分 / 180
2. 用爱建造心灵停驻的港湾 / 183
3. 煲一锅理解的心灵鸡汤，爱情拒绝抱怨 / 186
4. 找寻心灵的伴侣，平淡中也有爱 / 189
5. 会跳华尔兹的心灵，一支玫瑰带来的浪漫 / 192
6. 变一个心灵的魔术，自卑不是爱情的绊脚石 / 196
7. 把握心灵的尺寸，感动只在一瞬间 / 199
8. 为心灵插上翅膀，爱可以乘着勇气飞翔 / 203

第八章　与心灵共鸣——让你找到婚姻的藏宝图 / 206

1. 不要让心灵疲劳，婚姻不是负担 / 206
2. 为心灵上点色，不让自己的更年期提前 / 209
3. 心灵需要呵护，相互指责只会让感情更累 / 212
4. 给心灵放个假，不妨重新度个蜜月 / 216
5. 在赞美中找到连接心灵的纽带 / 219
6. 无声的支持胜过千言万语 / 223
7. 拥有善解人意的心灵 / 225
8. 温暖是家的真谛、心灵的栖息地 / 228

篇一 修为篇

■ 第一章　打开心灵枷锁
　　　　——让你的生活零负重
■ 第二章　卸去心灵重担
　　　　——拒绝做负重的蜗牛

第一章　打开心灵枷锁
——让你的生活零负重

在繁忙的生活中,我们面对这样那样的变化,很多时候都会有一种窒息的感觉。究竟是什么原因呢?或许是生活的节奏太过紧凑,或许是人追求的目标太过遥远,总之因为种种原因,将心灵桎梏在自己打造的枷锁之中,让生活压弯了我们的腰。

要想让你的生活零负重,最主要的就是让你的心灵从枷锁中解脱出来,只有让自己的心灵自由地呼吸,才能够避开生活的琐碎,找到生活中的乐趣,为自己绘制出一幅精彩的蓝图。

1. 不要让心灵成为黑暗中的囚徒

要想打开自己的心灵枷锁,首先就要将自己的心灵从黑暗中解救出来,只有充满阳光的心灵,才能让希望的种子萌芽,只要有希望存在,生活的负重就不再沉重,而零负重的生活也不再遥不可及。

"只有一点微弱的灯光,就是那一点仿佛随时都会被黑暗扑灭的灯光也可以鼓舞我多走一段长长的路。"这是巴金在那个隶属于他的年代说的一句话。面对沧海横流,风雨如晦,人们因为前途渺茫,难免会失去希望,这时候我们就需要自己点亮一盏灯,让这盏灯为心灵照明,不要让它成为黑暗笼罩中的囚徒。

或许生活中的一些磨难，会让你失去信心，失去对生活的憧憬和对未来的希望。面对抉择，你是选择自暴自弃，在生活的逆流中失去自我以及一切；还是选择迎着逆流而上，借着逆流的力量将自己打磨得更加坚强？学会自我肯定，让自信为你的心灵点亮一盏灯。

人们都是在不断地超越现状中找寻到自信的，而自信可以让一个人找到自己的价值，找到生活的意义。也可以换个说法，自信就是在自卑的驱使下建立起来的，只要你心里充满阳光，自卑也可以变成走向自信的动力。打开心灵的枷锁，你会发现：每一天都是新的开始，每一天都是一个新的起点。

一个自信的人，他不会不断地抱怨，因为抱怨只会消磨他的心智，让他失去前进的动力；他不会躲起来顾影自怜，因为躲起来只会将自己的美丽隐藏，让自己陷入自卑的深渊；他也不会将自己的心灵禁锢，因为没有了阳光温暖的心灵，就会成为黑暗的阶下囚。让自己的心灵充满阳光，不再做黑暗中的囚徒，不仅是对自己人生的不服输，也是对自己未来的展望。只有充满阳光的心灵，才能让自己的人生更完美，生活无负重。

有一位失明的音乐家，他一生创作了很多动听的音乐。而在他的作品中出现最多的却是象征着希望和温暖的阳光。他虽然看不见，但是让人们感到惊奇的是，他音乐中所描绘的阳光不仅明艳照人，而且充满了柔情。他的一位朋友就他对阳光的偏执感到很奇怪，于是问他："你自一出生就没有见过阳光，为什么能把阳光形容得这么真切纯美？"盲人音乐家笑着回答："我虽然看不到大自然的阳光，但是我每天都能感受到心灵的阳光。这种心灵的阳光使我时刻觉得自己能够生活在这个世界上，真的是一件非常幸福的事情。这缕阳光，让我知道失明不是我生活中的负担，而是上天给予我的一笔财富，正因为眼睛看不见，我的心灵才会更加明亮,而我的生活才会充满快乐。"

的确,大自然的阳光总是能给人带来温暖,沐浴在阳光下的人任何时候都会感觉到舒适与祥和。那么,什么是心灵的阳光呢?如果打开心灵的枷锁,让一缕光线占住情感的屋子,同时让你的心情变得舒畅起来,那么这缕光线就是心灵的阳光了。

心灵的阳光,也可以将它说成一种阳光的心态。一个人是否拥有阳光般的心态,直接影响到他的生活。繁忙的生活压得我们难以喘息,时时刻刻都觉得自己肩上的担子太重了。面对一大堆的生活琐碎,面对这样那样的磨难,我们唯一的感觉就是累,不仅人累,心也累。我们的心灵就像是一个被枷锁禁锢起来的囚犯,永远地挣扎在黑暗的牢狱中,承受着不断累积起来的重担,在无边的煎熬中消耗着生命。

心灵的阳光可以使生命不再脆弱,它可以将人生历程中的辛酸和无奈统统化为虚无。我们是有着多彩元素的生命,要想我们的生活零负担,我们就要小心接纳并珍惜心灵的阳光。一个人只有在心灵阳光的照耀下,才可以在生命的舞台上,用动人的歌声演绎独具自己特色的人生历程。

海伦·凯勒,美国著名的盲聋女作家、教育家。她的一生被称为传奇并不为过。她在很小的时候就因为患病导致两耳失聪,双目失明。在海伦七岁的时候,安妮·沙利文就像是一缕阳光,走进了她黑暗的内心,从此之后,海伦的心灵不再被黑暗独占,阳光替代了所有的黑暗。她与沙利文相处长达50年,在沙利文帮助之下,进入大学学习,以优异成绩毕业。在大学期间,她还写了《我生命的故事》,讲述她如何在心里那一缕阳光的帮助下战胜病残,而这本书给成千上万的残疾人和健全人带来鼓舞,这本书被译成50多种文字,在世界各国流传。后来凯勒成了卓越的社会改革家,到美国各地,到欧洲、亚洲发表演说,为盲人、聋哑人筹集资金。二战期间，又访问了多所医院，慰问失明士兵，她用自己心灵的阳光温暖了许多人，并在他们的生命中留下了阳光般的温暖。

海伦用自己的人生诠释了心灵阳光的可贵，用自己的行动证明了心灵阳光的崇高。当我们听到她的故事的时候，还放任自己的心灵继续在黑暗中飘荡吗？还继续让他在枷锁的桎梏下，成为生活重担下的牺牲品吗？我们应该说"NO"！

心灵的阳光，让我们以积极的态度面对生活中的种种磨炼。成与败，输与赢，得与失，它们之间本来就没有太过明显的界线，它们只代表着事物的两种不同的结果而已。我们不难想到惨遭屈辱的太史公司马迁，在遭受非人待遇之后尚能以积极的心态，对生活中的黑暗一笑置之，随后用坚毅的笔书写下了自己心中的历史。他历经20多年，足迹遍布大江南北，终于完成令后世惊叹的不朽之作《史记》。与他相比，我们要幸福得多，只要心灵的阳光是灿烂的，生活的音符就一定是最精彩的，最充满动力的。

心灵的阳光，让我们懂得抓住并珍惜现在。生命中的每一刻都存在着变化，要相信每一个时刻发生在我们身上的事情都是最好的，而自己的生命在这个时刻正以最好的方式展开。所有的生命都不可能在虚幻的世界里存在，当你以另一种心态去看现实，看世界的时候，就会有另一番感受，何必让自己的心处在黑暗之中呢？当明媚的阳光抚摸你心灵的时候，你就会有一种异样的感觉，尘嚣的喧闹不再围绕着你，悲伤的愁云也消失不见，而这时候的生活真的很轻松，感觉自己从来没有这般舒适过。

不让自己的心灵成为黑暗中的囚徒，也不要让绝望、失落和消极成为我们人生中的绊脚石。让心灵充满阳光，以阳光的心态面对生活，生活才会不至于在重担的压迫下变形。要想自己的生活零负重，那么从现在起，打开心灵的枷锁，让自己的心灵从黑暗中解脱出来。

心语心愿

如果一个人的心情是灰色的，那他的心灵只会成为黑暗的阶下囚。只有心灵的阳光才可以驱散那一室的黑暗，打开心灵的枷锁，让生活零负重。

2. 丢掉心灵的枷锁，不要将自己埋在琐碎中

生活中的琐碎，往往会让我们在感到疲累的时候丢盔弃甲。繁琐的生活就好像是一副沉重的枷锁，不仅让我们的生活沉重无比，更为我们的心灵带来了重负，要想自己的生活零负重，就要丢掉心灵上的枷锁。

生活似乎就是这样子的，我们总是觉得自己每天都在不断地重复着每一件事情，在时间的消磨中生活已经变得毫无激情，那些琐碎打造了一副坚固无比的枷锁，把我们的心灵深深地禁锢起来，在琐碎中我们看不到希望，也看不到属于黎明的光亮。

生活给予我们的似乎只剩下抱怨了，只有在抱怨中我们才能缅怀往昔生活的美好。面对节奏日益加快的生活，许多人开始谈论：什么房价又涨了，哪个超市的菜籽油降价了，某某人为了买到便宜的菜坐了好久的车……诸如此类的，生活就好像是赶集，总是一团乱。这样没有新鲜感的生活，总让我们的心灵很累，想放松，却又徒劳无功。

父母为儿女的学习或者婚姻大事操心，而儿女却不温不火；老婆因为老公喝酒抽烟总是絮絮叨叨，让他戒烟戒酒；谈恋爱的女孩子抱怨自己的男朋友不体贴，比不上好朋友的男朋友……这一切都是生活，这一

切都充满着琐碎,这一切也都或多或少地让当事人感觉到累,本来希望最亲近的人能给自己带来轻松和舒适,但是恰恰相反,我们的抱怨或者唠叨,只会让原本就不轻松的我们更累,身心俱疲。亲人的爱反倒成为了囚禁心灵的牢狱,生活的重担更是让人难以喘息。

但是我们既然选择了这样的生活,那就一定有它的可取之处,你应该想到,曾经为了得到这样的生活,你是如何地起早贪黑,在不断地竞争和奋斗中,搭上青春和时间快车终于打造出了现在的生活,虽然琐碎点,但是并不一定要将自己的心灵埋在这些琐碎中啊!这些琐碎中也有欢乐,只要你愿意丢掉心灵的枷锁,你的生活可以变得毫无负重。

有一位美国妇女,她很小的时候一只眼睛就失明了,另一只眼睛的视力也极差。事实上她和盲人并没有什么区别。但是她从来不愿意生活在别人的同情中,小的时候,她很想和别的孩子一起玩"跳房子"的游戏,但是因为看不到地上画的线,伙伴们都不愿意和她一组。为了实现自己的愿望,她便在伙伴们离开的时候,一个人趴在地上记下每条线的确切位置。之后她再和小伙伴们一起玩的时候,居然成了其他孩子无法超越的"跳房子专家"。

她非常喜欢读书,但是因为视力问题,她读得十分吃力,眼睛几乎要紧贴到书上才能够看见那些文字。尽管如此,她一直坚持学习,后来竟成了某名牌大学的文学硕士,并成为某学院的新闻与文学教授。是什么力量支撑着她,让她克服了常人难以想象的困难,达到了人生的辉煌呢?人们一定会这样想:是她不向命运屈服和超强的勇气、毅力等。然而,事实却并非如此。她在自己的著作《我想看》中这样写道:"在我内心深处,一直隐藏着对眼盲的恐惧,我选择了快乐及近乎嬉闹的生活态度。"这个人就是鲍威尔·达尔。

鲍威尔·达尔就是在生活的琐碎中找到了属于自己的快乐。她觉得自己只要趴下能看清地上画的线，把书举到眼前能阅读，就胜于盲人百倍。一个简单得几乎可以让人忽略的动作，一个看上去傻得要命的举动，正是这出现在生活中的点滴琐碎，才让一切的不可能变成了可能。

很多时候，我们是会感觉到压力很大，原因就是生活太过琐碎，早已超出了自己理想中的模样，面对这样的生活，你如果无法改变它，那就让自己适应它，让这些压迫心灵的重量变成快乐的砝码。当自己的心灵无法呼吸的时候，可以参照以下的一些方法，虽然不能改变你的生活，但是至少会让你的生活不再那么沉重，也算是为心灵戴个氧气罩吧！

（1）用意识控制情绪

面对一些让人生厌的繁琐小事，有的时候你的情绪难免会遭受到考验。当愤愤不已的情绪即将爆发的时候，你就要用意识控制自己，不断提醒自己应当保持理性，还可进行自我暗示："只要不发火，这些琐碎就会像泄了气的皮球一样不堪一击。"只要你及时地按灭燃烧在心中的那把无名之火，就不会让生活中的琐碎变成火上浇油的危险品。

（2）自我鼓励，出去走走

在快要被琐碎窒息的时候，用某些哲理或某些名言安慰自己，鼓励自己繁中求乐，琐碎中思平淡。自娱自乐，会使你的情绪好转。在特别压抑的时候，放开手头的一切，哪怕是再棘手的事情也撂在一边到外边走一走，让沿途的风景缓解一下你心里的压抑，为你已经不堪重负的心灵做个治疗。

（3）用幽默与你的心灵开个玩笑

幽默是一种特殊的情绪表现，也是人们自我调节的工具。具有幽默感，可使人们对生活保持积极乐观的态度。许多看似烦恼的事物，用幽默的方法对付，往往可以使人们的不愉快情绪荡然无存，立即变得轻松起来。在琐碎的生活中注入幽默，用调侃的方式化解一些尴尬，你会发现，其实生活并不是很糟糕。

其实选择权在你的手里，即使你的生活已经被琐碎淹没，但是只要你愿意，在琐碎中你的生活依然会很精彩，而那些之前的所谓重担、心灵的枷锁只要你愿意丢掉，一切都会变得好起来。让自己的生活零负重，不仅仅是一句空话，只要你肯行动，就能够成为事实。

心语心愿

不要抱怨，也不要让唠叨将自己变得可恶，更不要将自己埋在琐碎中。生活本来就很美好，心灵只有在释放中才能自由地飞翔，丢掉桎梏它的枷锁，让它在自由呼吸的同时为你带来意想不到的轻松。

3. 为心灵减减压，忙里偷闲是一种乐趣

"胜似闲庭信步，淡看云卷云舒"，忙里偷闲是一种乐趣，也是一种为心灵减压的好方式。在繁忙的生活中，偷偷懒，故意给自己一些空闲，做一些自己喜欢的事情，即使生活的担子很重，而至少在这一刻，你享受的是零负重的生活待遇。

有一句话说："再长的路，一步步也能走完；再短的路，不迈开双脚也无法到达。"忙里偷闲才会有出乎意料的畅快，才有无法比拟的舒心，才有全身心的放松。但是忙里偷闲，是为了更好地忙，忙里偷闲就好像是置身于维修站中，修整修整已经不堪重负的身躯，甩掉那些挂在心灵上的大包小包，然后为自己充满电，轻装前进。忙里偷闲是加油站，填补的是动力，能够让你扬帆远航。

一家饭店门前有这样一副有趣的对联：为名忙，为利忙，忙里偷

闲，且喝一杯茶去；劳心苦，劳力苦，苦中作乐，再斟两壶酒来。我们常常感慨自己活得太累，过得太苦，因为我们的眼睛总是紧紧盯着上面，常常以物质的丰足、名利的高低作为尺度来衡量幸福。可是当真正有了名利以后，并不一定能幸福快乐。我们仍然不停地在忙碌、奔波、劳动，而这一切都只是为了追求所谓的生活中的乐趣。当岁月消磨掉我们所有的雄心的时候，回过头来才会发现真正能让我们感到幸福的，是当下那份实实在在的拥有，比如忙里偷闲的一杯茶，苦中作乐的两壶酒。

曾经有一位日本妇女，她每天都要和没完没了又呆板枯燥的公文材料打交道，整日被官话、套话、空话和废话包围。这一切让她感觉到很累，上班时，她每根弦都绷得紧紧的，下班后，还要回到家里做家务，侍奉公婆，有时候一不小心就要受到苛刻的婆婆的责骂。不管是生活还是工作，都让她感觉到了前所未有的累，她的心灵就像是一个快要被压瘪的气球，随时有爆炸的危险。有一次，她为了躲避婆婆的唠叨，于是干脆躲在了厕所里，当她蹲在马桶上的时候，随手拿起一份报纸，短短的几分钟之内，她从报纸上浏览了轻松的幽默漫画、给人启迪的心灵小品，以及短小精悍的市井故事。她突然觉得自己的工作不再那么枯燥，婆婆的责骂也不再那么难以忍受。蹲在马桶上的短短几分钟，让她感觉到了从未有过的舒适和轻松。从那天起，她的心态发生了极大的转变。后来，她经常利用上厕所的时间，看些自己感兴趣的书刊，直到现在，她依然保持着这种习惯。她认为这些时刻是属于自己的，是谁也无法剥夺的，尽管很短，却意味深长。

确实，任何人都会有这样的感觉，曾经就在一瞬之间自己就感到了前所未有的快乐和舒适，这并不仅仅是身体上的放松，同时也是心灵上的放松。忙里偷闲，享受的是一种心灵上的乐趣，追求的是一份生活中的平淡，很美也很舒适。

总有一个角落属于我们，让疲惫忙碌的心灵停下来歇歇脚；总有一些时刻属于我们，让生活中的幸福快乐变得触手可及。但是很多时候，它们都被我们忽略了，我们总是愿意将自己的目光放在高处，在功利的迷惑下放弃了它们。

人生的旅途，少不了风风雨雨、坎坎坷坷，学业无成、商场失意、家庭变故、事业受挫、经济拮据、人际是非以及命运乖舛等，都会给人带来烦恼、忧虑、惆怅，甚至抱怨和怨恨，更会让人们的心灵在煎熬中被生活的重担禁锢。面对人生中的辛酸苦乐，关键在于是否善于寻找避苦求乐的良方，善寻者时时有乐，不善寻者处处是苦。怎样找到生活的乐趣，让自己的心灵无压，那么就要学会忙里偷闲。

老张这一辈子就有两样喜好，一是抽旱烟，二是下棋。他是一个地地道道的农村人，他的祖祖辈辈都是种地的，当然他也不例外，凭着自己对土地的熟悉和热爱，他家的日子倒是过得很红火。又是一个丰收的季节，艳阳如火，满地成熟了的小麦在阳光的照耀下，麦芒闪耀出刺目的光芒，饱满的麦穗，让麦秆微微弯下了腰。农家一般都是全家一起收割，早上天蒙蒙亮就起床，晚上很晚了才回去，他们将午饭带在田里吃，每次吃饭的时候，老张总是会摘下随身携带的酒葫芦抿上两口，然后才吃饭。吃完饭后全家人都忙着收割的时候，他却要蹲在田埂上，吧嗒吧嗒抽上两杆老旱烟才开工。对于他来说，这抽旱烟、喝酒的时候就是他最舒服的时候，甚至比做神仙都快活。一个庄稼人的快乐就是这么简单，忙里偷闲，只有这样生活才不会太乏味；忙中有闲，紧张中有着轻松，这样的日子才会有意义。

其实快乐就是这么简单，生活中的乐趣无所不在，主要在于你肯不肯用自己的心灵去感受，只要你愿意触摸，那么幸福和快乐就很简单。繁忙之中喝一杯茶，抽一杆旱烟，抿两口小酒……

人生最大的忧愁是什么？如果答案是安逸悠闲带来的无聊与空虚，相信许多人都会赞成吧。有人说闲暇是乐，但是这种闲暇指的是忙里偷闲的乐。如果天天让一个人闲着，那他肯定不会有太多的快乐。许多从工作岗位上退下来的人，大部分都生了病，这病就是太悠闲导致的结果。因此美国成人教育家卡内基说："要忙碌，要保持忙碌，它是世界上最便宜的药——也是最美好的药。"工作着是幸福的，忙碌着是快乐的，这是因为赚钱只是工作的目的之一，更重要的是工作，在给社会带来物质与精神财富的同时，还能给自己带来自信与力量，那种智慧和精神上的充实感与满足感，能使人在忙碌中慢慢领悟人生的真谛，在忙碌中享受生活中的乐趣。

心语心愿

忙里偷闲，为自己的心灵减减压。生活本来没有想象中那么糟糕，再快的节奏也总得抽个时间放松一下，其实生活就是一场生命和心灵的旅游，要想走得更远，看到更多的景色，就不要带着过多的包袱上路。

4. 让心灵自由呼吸

现在最流行的就是有氧呼吸，许多人都嚷着"我要呼吸"，从这里面也可以看出生活带给人们的压力之重。其实压力并不是生活给予的，而是我们自己强加上去的，不仅让自己的身体不堪重负，心灵也是负重累累。让我们的心灵自由呼吸，从现在起，放下心理上的压力，让生活变得轻松。

每个人都是在哭喊声中来到这个世界上的，面临的首要问题就是生存。要生存，就必然会遇到竞争；只要有竞争存在，就会有这样那样的压力。也可以说，自打你出生那天起，你的一生就注定要承受生存所带来的各种各样的压力，如升学、就业、晋职等。面对这些压力，有的人被压垮了，不仅身体失去了重新站起来的力量，连心灵也不堪重负而窒息，这就是所谓生活中的失败者；而有些人却可以正视压力，承受压力，将这些压力变为前进的动力，不仅身轻体健，而且心灵也是沐浴在阳光下享受着自由呼吸的乐趣。面对压力，你是选择做懦夫，还是做勇者？

许多人应该看到过，为了增强腰部和下肢力量，运动员常在教练的指导下做一种压杠铃的负重练习。通过压杠铃的练习，运动员奔跑和跳跃的能力会突飞猛进。当然，杠铃的重量一定要适当，轻了没什么效果，重了运动员会闪到腰，而且杠铃重量的增加要因人而异，循序渐进。这杠铃，就像我们一生所必须背负的压力，适当地背负一些压力，既能锻炼能力，也能让自己有所发展。但是压力一旦过度，超越了身体和心灵的极限，就会让人身心俱损，甚至彻底崩溃。当你感到实在承受不了的时候，要及时给自己减减压，无论是心灵上的还是身体上。

一个善于用表的人不会把发条上得太紧，一个好的司机不会把车开得太快，而一个好的琴师也不会把琴弦绷得太紧，一个会生活的人也总是在为自己找各种各样的理由来放松自己的心情，为自己的生活减压。任何事情不论好与坏，经历不管是愉快或者痛苦，选择的时候不管是赞成还是反对，得到的是荣誉还是耻辱，都是来了又去，去了又来，来来去去，总是都有一个起点，一个终点，这样的世界才能拥有一个平衡，如果只有起点而没有终点，那么世界上的人都会因为压力而崩溃。

有一位心理学家在一艘船上做了一次改造心理的试验。他建议让一些总是感觉到心浮气躁、压力超大的人到船尾去，然后面对船后波涛滚滚的海水，把自己心中的一切烦恼和压力都抛到海水中，直到自己觉得心里舒畅了为止。试验结果表明，这种方法真的很管用，参加试验的人员最后都告诉这个心理学家，自己的心情真的得到了一次前所未有的清洗，心中的烦恼和压力似乎就在那一瞬间消失了，就像一件物体一样掉进了海水中，转眼就不见了。并且他们打算以后只要碰到心中有烦恼，无法承受生活压力的时候，就会采取这种方式来解决，直到自己全身都感觉到轻松为止。

难道烦恼和压力真的能像一件物体一样，被丢进海水里吗？这是不太可能的。故事中的心理学家只不过是找了一个方式，让那些感到心浮气躁，不堪重压的人发泄自己的郁闷心情，发泄完了，心情也就轻松了，烦恼和压力也就随之消失了。

在这个世界上，我们总是被我们所拥有的经验、固定的想法，甚至是对每一种情绪的感受重重包围着，没有任何放松的机会，就如同一台机器一样，总是在超负荷地运转，总有一天会散架。因此我们得学会自己给自己一个轻松休息的理由，给自己的心灵一点时间与空间，并让它做个自由的深呼吸，享受一下久违的阳光。

在生活中，要想成为一个快乐的人，就应该经常给自己的心灵做自由呼吸，时常地洗涤一下自己的心灵，在洗涤的时候让心灵减减压，将那些困扰着心灵的情绪残渣彻底清除，再也不要让这些残渣来控制我们的生活，影响我们的人生了。

在很多时候，我们都能听到这句话：想想你自己的幸福。特别是在感觉到自己不管做什么事情都很不顺的时候，就要停下来仔细数数我们的幸福，这时我们会发现，有绝大多数的事情自己做得还是很不错的，只有一小部分的事情做得不怎么好。只要将这些好事和不好的事一对比，我们的心情就自然而然地好起来了，那些束缚在心灵上的禁锢也就自然解开了，只要心灵能够自由地呼吸，想要收获到生活中的快乐也就简单很多。

让自己的心灵自由呼吸，就要学会为生活减压，面对生活中的压力，你可以看看这些小偏方：

(1) 不要让一些小事成为压力

我们经常会为一些小事抓狂，本来是一些不必投注太多精力的琐碎之事，但是它往往却会成为最频繁的压力来源。其实仔细想一想：这些事情并非真的有那么重要，但是我们却专注在一些小问题上，把事情夸大化了，浪费宝贵的力气为小事抓狂，当然就无故平添了许多压力。

(2) 不要让自己的想法滚出雪球效应

越是全神贯注在令你心烦的细节上，你就会觉得越糟糕。思绪就像是无头的苍蝇，在你的大脑中乱撞，直到你变得焦虑不堪。遇到这种情况的时候，就要及时打住，防患于未然，不要被情绪低潮所愚弄，以负面来看待周围的人和事物。如此一来，小小的压力，转瞬之间就会变成巨大的压力。

(3) 练习变成自己最理想的样子

"相由心生"，如果你的心态经常处在轻松快乐的状态之下，那么，你外在的形象也会是健康而积极的。生活中有各式各样的压力，我们没有办法去选择承受哪一种压力，但是我们可以决定，用什么样的方法去面对压力，先改变自己的心态，拥有一个健康的心灵，那么压力也就不再是压力。

生活依旧存在各种各样的压力，但是人们穿梭在压力中的心情已经改变，压力不再是一种负担，而是获得快乐的动力，让心灵自由呼吸，为自己的生活减压的同时，也为生活中的快乐增加分量。

心语心愿

要想自己的生活零负担，要想让自己的人生无压力，其实很简单，只要你让自己的心灵自由呼吸，没有压力的心灵，才会让生活变得多姿多彩。而没有负担的生活，才会让人生充满快乐和幸福。

5. 别让冷漠蒙上心灵的眼睛

生活的压力太大，但是要是分开来扛的话也就不会那么累了，不要让冷漠蒙上心灵的眼睛，不要将自己埋葬在没有温度的城堡中，只有你睁开自己心灵的眼睛看这个世界，用心灵的温度感受这个世界，学会分享和分担，你的生活才会轻松无负担。

是这个社会太复杂，还是人们的心太冷漠？面对生活中的种种，许多人再也不愿意用自己的热情去帮助他人。助人为乐在现实中很多时候都已经成为一句空话。到底是什么让人们的心灵变得如此麻木？为什么冷漠会蒙上心灵的眼睛？或许是"各人自扫门前雪，休管他人瓦上霜"的独善其身的心态吧，正是这种心态才让生活中压力越来越大，最终成为一种难以承受的负荷。

冷漠只会在你拒绝别人的同时也拒绝了自己。社会本来就是一个大团体，每个人都是这个大家庭中的一份子，没有人能够完全脱离这个社会。如果想要自己的生活变得无负担，就要学会放下，当生活压得自己喘不过气来的时候，把肩膀上的东西放一些下来，让别人替你分担一些重量，只有懂得分担，才能扛起更多新的东西；只有让自己的心灵睁开眼睛看到一切，才能够呼吸到新鲜的空气。

有两个人在赶路，其中一个是自私自利，只看重利益的商人；另一个则是喜欢帮助他人的农夫。商人背着一个大口袋，里面装的是一种名贵的药材，这一袋子药材只要卖了钱，绝对够穷苦人家过一辈子了。农夫背着一小袋米，家中断炊，这是他向邻近的亲戚借的米。商人为了省钱所以走路，农夫因为穷，所以也在走路。

山路很是崎岖，背上沉重的负担让商人汗流浃背，而农夫却走得格外轻松，因为他从小到大，走的一直是这样的山路。农夫看到商人疲累不堪的样子，就有些同情他，于是主动请求替商人分担一些肩上的重负。但是商人深怕农夫不安好心，想骗走自己的药材，于是每次都拒绝了农夫的好意。农夫也看出了商人的心思，于是不再出声。

他们就这样一直走，商人的脚步越来越沉重，而农夫依然轻松。农夫快到家了，他的好心让他开了最后一次口，他希望商人不要误解自己，他并非想要夺取他的药材，而是看他辛苦，所以才会提出替他背药材的建议，现在他快到家了，不妨在他家歇上一会，喝口水再赶路。商人还是拒绝了农夫的好意。商人在和农夫分开不久之后，就累得走不动了，后来在途中因为不堪重负，再加上又渴又累，一不小心失足滚下了山崖，不仅丢失了所有的药材，还伤到了腿。被人抬回来的时候，一直大喊后悔……

从这个故事我们可以看出，很多时候，人们拒绝他人的好意，其实也就是将出现在自己面前的好运拒绝掉了。就好像是故事中的商人，他太看重自己的利益，反而在人情方面就显得冷漠无比，老是将农夫的好意当做别有用心，只有在自己丢失了东西的时候才感到后悔。这就是人性，现实社会有很多人都用冷漠将自己和他人隔开，别人的好意，对于他们来说就是一种别有用心的歹意。他们不喜欢帮助人，也不接受他人的帮助，所以他们的生活充满了压力，而他们的心灵早已在冷漠中变得麻木不仁。

　　要想我们的生活没有压力，那就在分享与分担中缓缓徐行，认清自己该做些什么，让那些原本生活在地狱中的人看到希望的天堂曙光。没有分享与分担的精神，就没有一个活着与存在的意义，只等着自私自利终会将自己啃食干净，孤独地走向既定的悲惨命运。

　　森林里的巨人有一个很美丽的大花园，花园里长满了绿茸茸的青草、美丽的鲜花。草地上还长着12棵桃树，一到春天就绽放出粉红色的花朵，夏天里则结出累累果实。栖息在树枝上的鸟儿唱着欢乐的曲子。但是巨人却沿着花园筑起了一堵高高的围墙，还挂出一块告示：闲人莫入违者重罚。因为他是一个非常自私的人，他不允许任何人窥探他花园中的美景。

　　因为巨人的自私，他受到了惩罚。又是一个春天，整个乡村到处开放着小花，处处有小鸟在欢唱。然而只有他的花园却依旧被一片寒冬笼罩。小鸟无心唱歌，桃树忘了开花。雪和霜占据了整个花园，春天已经忘记了这个花园。

　　一日清晨，巨人睁着双眼躺在床上，这时耳边传来阵阵美妙的音乐。音乐悦耳动听，他想一定是国王的乐师路经此地。原来窗外唱歌的不过是一只小红雀，只因巨人好长时间没听到鸟儿在花园中歌唱，此刻感到它妙不可言。于是立马从床上跳下来，望向窗外。

　　他看见了一幕动人的景象：孩子们爬过墙上的小洞，正坐在花园的树枝上，每棵树上都坐着一个孩子。迎来了孩子的树木欣喜若狂，并用鲜花把自己打扮一新，还挥动手臂轻轻抚摸孩子们的头。鸟儿兴奋地欢唱着，花朵也纷纷从草地里伸出头来露出笑脸。但是满园春色中却有一个角落仍被严冬笼罩，那是花园中最远的一个角落，一个小男孩正孤零零地站在那儿，因为他个头太小爬不上树，只能围着树转来转去，哭泣

18

着不知所措。那棵可怜的树仍被霜雪裹得严严实实。小树尽可能地垂下枝条，可是小孩太矮小了，根本无法攀上树身。

此情此景深深地感化了巨人的心。他终于明白为什么春天不肯到自己的花园里来了。他走出去把那个可怜的孩子抱上树，然后把所有的围墙都推倒，并准许孩子们来玩。随着孩子们的到来，春天终于又开始光顾这个花园，而巨人在孩子们的欢笑声中，也找到了快乐。

不懂得分享，那么秘密花园也会长满枯草，被人遗忘在阳光照射不到的角落里。就像故事里巨人的那座美丽绚烂的大花园，没有了孩子们的欢声笑语，也就没有了鸟语花香；只有学会分享，你的快乐才会变成更多的快乐。

"独乐乐不如众乐乐"，说的就是分享，分享下的人生快乐，才算是真正的无法比拟的快乐。不要让冷漠蒙上心灵的眼睛，在分担和分享中学会放下生活的重担，在分担和分享下让我们的生活零负重，成为快乐和幸福的永驻地。

心语心愿

分担与分享是生活中快乐的左右翼，只有相互均衡的时候，快乐才会成为生活的主角。不要让冷漠将自己心灵的眼睛蒙上，生活中的压力在快乐面前就好像是一个纸老虎，看上去强大，实际不堪一击。睁开心灵的眼睛，让我们的生活不再被"重压"控制。

6. 打开心灵的窗户，爱其实就在你身边

"并不是不存在美，而是缺少发现美的眼睛"，很多时候我们都容易忽略自己身边的人或者事，总是喜欢将自己的眼光放在远方。其实很

19

多时候爱就在你的身边，只是你不愿意打开心灵的窗户去观看，只是你将所有的精力放在对一些虚无的事物的追逐上，所以生活沉重得让你难以负荷也就不足为奇了。

关闭着窗户，阳光就永远不会照进屋子，屋子里有的只是寒冷和孤寂。关闭了心灵的窗户，我们所渴望的便永远不会属于我们，陪伴我们的只会是无边的压力和窒息的黑暗。要想自己的生活不再被黑暗占驻，要想自己的梦想不被剥夺，那么就打开你心灵的窗户，让阳光温暖你的心灵，温暖你的人生吧。

打开心灵的窗户，你便会拥有很多的爱。因为爱就像阳光一样，只要有一丁点的空隙，它便会毫不犹豫地进驻。爱并不是天空中的云彩，也不像天上的星星那般不可触及，只要你打开你那关闭已久的心灵窗户，生活中的爱便会一个一个争先恐后地往你的心里跳，让你小小的心灵因为有这些爱而变得温暖，变得柔软。

打开心灵的窗户，你便会拥有很多的快乐。爱尔兰作家萧伯纳曾经说："如果你有一种思想，我有一种思想，彼此交换，我们每个人就有了两种思想，甚至多于两种思想。"快乐就像他所说的这种思想，只要相互交换，一个快乐就会变成更多的快乐。一味地孤芳自赏，只会让你变成不知天高地厚的井底之蛙，因为从来不知道众人同乐的情景，所以只会沉浸在自己一个人的情绪之中，即使当时真的很快乐，但是短暂的快乐过后，剩下的只是寂寞和孤独。所以如果你不快乐了，那么就打开心灵的窗户，让阳光的温暖带着快乐洒在你的心间吧！

打开心灵的窗户，你便会看见更多的美丽。一个人，他面对自我的时候，需要的是一面镜子；但是他面对外面的世界的时候，需要的是一扇窗子。拿着镜子面对自我，才能看见自己的污点；隔着窗子面对外界，才能看见世界的明亮。其实，最重要的是自己的心灵。心灵扩大了，心房就大了；心灵明亮了，世界也就明亮了。只有我们愿意打开心灵的窗户，才会看见心灵玄妙的宝藏。只有我们愿意打开心内的门，才会看见门外美丽的风景。

在美国的一所乡村小学里，有一个小男孩老是遭到其他学生的嘲笑，因为他天生就长了一个奇丑无比的大鼻子。小小的他，因为同伴的嘲笑而变得自卑、苦闷、抑郁和孤僻深深地占据了他心，他不喜欢和同学交往，不愿参加任何集体活动，总是独自一个人趴在教室的最后一扇窗户上看风景。他的老师发现了他的忧郁，于是在课间来到了小男孩的身边，柔声问他在看什么？小男孩悲伤地说自己看到一些人正在埋葬一只可爱的小狗。于是女老师拉着小男孩的手来到另一扇窗户边，然后深情地问小男孩看到了什么？窗外是一大片争奇斗艳的玫瑰花，生机勃勃，芳香四溢，沁人心脾。小男孩的悲伤顿时一扫而空，他告诉老师自己看到了美丽的玫瑰花。

老师轻柔地抚摸着小男孩的头告诉他，其实他的鼻子在老师看来是最可爱的鼻子。小男孩委屈地将自己因为鼻子而受伙伴嘲笑的事情告诉了老师，老师告诉他，那是因为他没有将自己鼻子最可爱的一面展示给众人看，没有将真实的自己展现在众人的面前，只要他愿意打开心灵的窗户，那么那个鼻子就是最可爱的鼻子，也是最讨人喜欢的鼻子。

后来，在老师的鼓励与指导下，小男孩鼓起信心和勇气参加了学校的一个小型话剧演出，在那次演出中他取得了很大的成功。因为他的大鼻子，人人都记住了这个校园里的小明星。从此，他一发而不可收拾，最后成了好莱坞最受欢迎的明星之一。

这个故事告诉我们，只要你愿意打开心灵的窗户，走近身边的人，你就会发现其实爱就在你身边。我们或许是因为生活所迫，所以变得日益麻木，有很多人不想也不愿意打开自己的心灵，他们不想把自己毫无掩饰地暴露在他人的面前。殊不知他们的想法也正是许多人的想法，自己不愿意付出爱，却老是抱怨社会太冷漠，生活太残酷，人们太自私。其实爱是相互之间的，是可以交换的，以心换心，你想要感受到别人的爱，就先要打开自己的心灵之窗去接受，或者是先对他人付出爱。

注意身边的人和事物，在他们还没有离去的时候好好珍惜，一旦错过了，后悔也来不及了。我们总是喜欢看向远方，总是觉得只有远方的才是最好的。其实，你觉得别人生活得很快乐，别人却一直在羡慕你的生活，能不能得到爱，能不能生活得快乐，最终只是在一念之间，只要你愿意打开心灵的窗户，原本觉得枯燥无味的事情也会变得有趣，而压在你身上的重担也会减轻不少。

很久以前，有一个身缠万贯的财主，在别人眼里他真的是一个非常幸福的人，因为他不仅有大量的财产，还有一个漂亮的妻子和两个可爱的孩子。但是事实上这个财主一点都不快乐，因为他看上了一位十分年轻漂亮的女郎，但是那个女郎却要他抛弃妻子和孩子才答应和他在一起。虽然财主已经不再爱自己的妻子了，但是他深深爱着他的两个孩子，他舍不得离开他们。因为这个他每天都生活在挣扎之中，所以他觉得自己很痛苦。

直到有一天，他的妻子患了重病，在临死的时候希望财主能够好好抚养两个孩子，她告诉丈夫，自己早就知道丈夫心里已经没有了她，但是她却一直深爱着财主，甚至允许他背着自己去外边找其他女人。但是她只想给财主一个累了时休息的地方，她一直在等丈夫看到自己的守候，但是直到死，还是没有等到。

在他妻子死后，财主才想起了妻子曾经的美好，但是却已经晚了。他将自己的愧疚和对妻子的思念全部化成爱倾注在两个孩子的身上，并且告诉两个孩子，一定要珍惜身边的人，否则等到失去就会追悔莫及。

这个故事几乎就是我们现代社会百态的一个缩影，这样的事情在现实中是很常见的。我们伤害最深的往往是那些在我们身边默默关心我们、爱我们的人。我们一定要记住，世间最珍贵的不是"得不到"和"已失去"，而是现在能把握的幸福。关注自己身边的人，注意到自己身边的快乐，用自己的心灵去和生活对话，这样你的生活才会更轻松快乐，而你的心灵会更加美好。

心语心愿

如果你愿意打开自己心灵的窗户，就会发现我们其实没有必要生活得那么累；只要我们愿意发现，就会知道爱就在我们身边，别人递上来的一杯水、一个鼓励的眼神、一声问好，都代表着友好。只要你愿意，生活可以零负重。

7. 只有放松，你才能走得更远

和人一样，我们的心灵也是会累的，它也需要放松，需要充充电。要想自己的生活无负重，就要为自己的心灵建造一个维修站，让它在疲累的时候放松一下，这样才能在生活的道路中走得更远。

人生之路何其漫长，在这条道路上，一路走来，有这样那样的苦闷占据了我们的生活空间，我们的心情因为受到影响也在不断地变幻。面对这种情况，你呼天抢地都没用，任何救世主都不会怜悯你，而此时的你只有一种办法可以救自己，那就是尽力让自己放松心情，让自己的心灵从烦闷和愁苦中解脱出来，就好像修理汽车一样，修理一下自己已经疲惫不堪的心灵。

生活是一步一步向前走出来的，但是我们总是喜欢回忆，总是喜欢将时间消磨在记忆和遗忘当中。许多人对自己总是记不住东西而忧心忡忡，可是他们却不知道，生活在这个社会上，遗忘是确确实实存在的，有时候忘记一些东西反倒会活得轻松一些。我们没有必要对容易忘记事情而烦恼，如果一个人真的可以百事不忘，甚至于可以记下所有发生过的任何细节，那么他会生活得十分痛苦，因为他无法忘记曾经的一切，就等于是将所有的过往都背在背上行走，每走一步，背上的重量就会增加一分，这样子他还没有看到尽头，就已经被重担压得失去了所有的力量。

人只要生活在这个世界上，就避免不了与他人交往，而在交往的过程当中，或多或少会出现一些不和谐，增加些许烦恼是可以理解的。如果要想从不和谐的氛围中求得和平与团结，最好的办法就是忘记曾经发生过的事、出现过的一切不快乐，让交往重新开始。如果实在无法忘记，那就先让自己静下来，先让自己的心灵得到一定的放松。有人说"音乐对身心有一种另辟佳境的特殊功效"。听一首自己喜欢的乐曲，轻逸、欢快的旋律自然会消除沉淀在心灵上的烦闷，让我们忘记许多本不该存在的烦恼。

当自己的心灵放松下来的时候，就不难发现许多事情可能都是由一些不能宽容别人而使自己心里沉积了太多的不平衡所导致。宽容，其实就是给别人机会，给自己快乐，岂不是两全其美？让自己的心胸开阔，烦恼便会消失殆尽，生活也会轻松无负担。

有人会说，"生活就是不公平"。确实，不管是对于生活还是工作，机遇对每个人来说并非都是平等的，有时候睁着眼也只能看着到手的机会从自己的眼皮底下溜走，这时候千万不要自责，也不要懊恼。要知道，机会并不是只有一次，错过了这一次，证明你还没有准备好，那么就让自己的心灵在维修站里休息一下，充满电后继续等待下一次的机会，只要你的心灵永远都是放松的，那么就会有把握抓住那个机会。学会放松自己，为自己的心灵建造维修站，把自己从烦恼中解脱出来。只有这样，才能让自己更快乐，才有更多的机会去领略生活当中的乐趣，去品尝生活带来的甜蜜。

他总是一直在忙，为了生计不停地奔波。30年前，他还是一个被生计所迫，从小山村来到大城市的打工仔，他为了将更多的钱寄回家中，就住最差的房间，吃最便宜的饭菜。终于在20年之后，他成为了一个比较成功的人，他在另外一个比较繁华的大城市有了自己的楼房，有了自己的公司，家人也从乡下搬到了城里。

尽管生活已经不再艰难，但是他丝毫不敢放松自己，他依旧拼搏，不断地壮大着自己的公司，他想在自己的有生之年为下一代创造一个更好的未来，不要让儿女吃自己当年吃过的苦。终于，他积攒起来的家业也足够他的儿女们好好生活了，但是一场车祸却夺去了他的双腿，他再也不能站起来了，他的余生只能在轮椅上度过了。

已经60余岁的他，两鬓早已花白，但是在轮椅上的日子却是他这一辈子所过的最舒适、最轻松的时候。确实，刚开始的时候，他真的难以接受自己的双腿已废，他还想着自己公司的事情，担心他的儿女们还不足以担当重任，因为这些年来，他忙于自己的事业，根本就没有时间关心儿女，没有精力好好培养他们。他认为他们还小，现在只要好好生活在自己创造的优越环境中就好。当自己老了，拼不动了，闲下来的时候，就专门把他们培养成自己的接班人。但是他还没有闲下来，还没有培养他们之前，就出了车祸，失去了双腿。

躺在病床上的时候，他看到刚读完研的大儿子却把公司的事情处理得妥妥当当，除了欣慰，更多的则是惭愧。他看到自己的老婆，曾经那般漂亮的她，双鬓也是斑白，还有正在读大学的小儿子和即将嫁人的女儿，他为了自己的事业，竟然忽略他们那么久。

出院之后，他就做了一个决定，将公司里所有的事情都交给了他的大儿子，为女儿准备了一笔丰厚的嫁妆之后，他就每天只是让老伴推着去公园散散步，偶尔也陪着老伴去去美容院，做做足疗什么的。他觉得，生活本来就不应该那么紧张，步伐太快，只会让自己错过许多美景。有时候停下来休息一下，让自己的心灵放松一下，其实会更好。

人之所以活得太累，就是想得太多，顾虑太多。身体的疲劳并不可怕，可怕的是心灵上的疲累。一个人的心灵太过疲累的话就会影响到他的心情，心灵就会变得扭曲，甚至危及身心的健康。其实每个人都有被他人所牵累，被自己所负累的时候，被生活的重担压得喘不过气来，这样的事情时有发生，只不过有些人会及时地调整，而有些人却深陷其中不能自拔。在这个充满竞争压力的社会里，生活有太多的难题和烦恼，要活得一点不累也不现实。但是要想活得轻松一些，却也不难。

不同时代的人有着不同的精神状态，以前，我们的物质生活很贫穷，但精神状态却很好；如今，我们的物质生活提高了，可精神生活却匮乏了。不要一遇上事情就钻牛角尖，让自己背负着沉重的思想包袱，自己受累的同时还累及心灵。紧张、快捷并不是生活的代表，适时地放松自己，为心灵建造个维修站，才能走得更远，才能更好地享受生活。

心语心愿

累并不是生活的概括，累只是我们对生活的主观评价。之所以会累，是因为我们给自己的包袱太重，是我们不愿意让自己的心灵放松，既然不愿意放松，那就时不时地对它进行维修，让它在维修的过程中轻松一下。只有心灵轻松了，生活中的压力也就不会那么大了。

8. 拿心灵绘制生命的蓝图，懂得知足

"知足常乐"，一个人要想品尝到生活中的乐趣，就要学会知足。拿自己的心灵绘制生命的蓝图，不管你在人生的道路上遭遇到什么困难，生活的负担有多重，都会在知足的心态下变为零。

知足是一种心态，一个能把名利得失置之度外的人，他的一生将是快乐的。我们应该从平淡的生活中去体会快乐，用自己的心灵去为自己的人生绘制蓝图。生活没有我们想象中那般残酷，诚然生活中存在竞争是必然的，但是面对竞争，你可以选择，你可以选择适当地知足，只要知足，物质的诱惑也就失去了作用，没有了诱惑的存在，你就不会老是往自己的肩头增加负担，那么生活也就不会那么累。

我们也许会听到很多人都在说自己如何如何累，穷人说：繁重的生活压力让我好累；富人说：为了积攒更多的财富，我活得好累；健康的人说：这么快的生活节奏，让我快要窒息，谁能了解我的累？病残的人说：这样活着好累，还不如死了算了……几乎所有的人都在喊累，为什么人们的生活条件越来越好，喊累的人却越来越多？并没有多重的体力活，为什么会觉得自己的身心那般疲累，这一切到底是为什么呢？究其原因，其实是一种心灵上的匮乏，因为不懂得什么是知足，所以生活中的快乐早已经遁去，剩下的就是不知足所带来的累。

不知足的反面就是贪婪，贪婪的人他们永远都在索取，用尽各种手段，想把一切都揽在自己手中，殊不知，他越是贪婪，他的心灵就越空乏，生活的压力就越大。而往往因为他的过度贪婪，沉浸在自己的幻想中，以至于失去更多。

有一位年轻人，自己的房子在一次水灾中被大水冲走了，家也毁了。于是，他孑然一身，流落他乡。有一天，他乞讨到一个村子，终因体力不支而晕倒了。

后来，村中的一位好心人把他救醒，收留了他几天之后，就把一支鱼竿送给他，并告诉他："我实在没法长久帮助你，这里有一支鱼竿，离开我这里之后你一直往前走，就可以发现一个湖和一间废置的破屋，你就在那里去生活吧！"

年轻人连忙向他道谢，他觉得这个人简直就是他的再生父母。他绝处逢生，心里充满了感激和欣慰。年轻人有了希望之后便十分勤快，他靠着湖里的鱼和屋旁的几亩田，勉强维持生计，填饱了自己的肚子。

有一天，他在钓鱼的时候，忽然发现自己的鱼钩好像钩住了什么重物，于是他使尽力气将它拉上来一看，竟然是一个金光闪闪的锅。他喜出望外，知道自己的命运要发生巨大的改变了！他变卖了这个金锅，换了许多银子，他用这些银子盖了一座漂亮的大房子，还娶了一房媳妇，又买了田产，他还雇了几位勇猛的家丁，保护他的家和那一面湖，他怕别人垂钓的时候发现他的秘密。

享受着荣华富贵，他的日子越过越好，靠着那些田产，他的腰包里揣满了鼓囊囊的银子。但是，慢慢地他发现自己拥有的财产、妻子，还有各种各样的享受让他越来越觉得乏味了。他觉得他必须拥有更多的财物和田产，他需要更多的妻妾和佣人来侍奉。

终于有一天，他想到了实现自己梦想的方法，他不相信这湖里只有一个金锅，应该还有更多的宝藏。于是，他雇用了大批的工人，让他们下湖去为自己找寻宝藏，果然又有一个金铲子被发现了。看到金铲子之后，年轻人更是雄心万丈，他立誓要变成世上最富有的人。于是他雇用了更多的工人来替他寻宝。

就在那段日子里，雨季来临了，大雨一直下个不停，湖水渐渐涨起来了，年轻人还是不愿意停止他的寻宝计划。工人们一个个离去了，终于湖水泛滥，淹进了他的家里，他的妻子劝他逃走，但是他依然不肯离开，一心只想着自己的黄金梦，最终年轻人被水淹死了。

就像这个故事里的年轻人，他先是从一个一无所有的流浪汉成为一个拥有田产房屋的有钱人，但是因为他的贪婪、不知足，最终连性命都丢了。贪婪不仅让自己的生活变得杂乱，连心灵也被套上了沉重的枷锁。人的一生本来就短暂，要学会知足，只有知足才能够让你享受到人生中的快乐，而只有用心灵作为笔，绘制出来的蓝图可才会让生活变得轻松。

人的一生就像是修道，修身之道和生活之道。我们常常对自己的境遇感到不满，认为自己不如某某人，没有某某人幸福快乐。正因为这样，我们就会被各种事情搞得心烦意乱，甚至压力重重。这一切都源于我们对生活不知足。

为了获得理想中的生活，我们往往都在不停地拼搏，而当终于有一天自己拼不动了的时候，回头看看自己创造的辉煌，往往会有一些感慨：自己辛辛苦苦创造了这么舒适的日子，但是自己却没有好好享受过，正当停下来可以享受的时候，生命却已经接近了尽头。是什么让我们有这样的感叹呢？其实一切都源于不知足。

上帝来到一个穷人的家，见他家里什么都没有，甚至连吃饭都成问题。可是，孩子们却十分高兴，那个穷人也并不因家境贫寒而闷闷不乐。上帝说："你们这么穷，为何还这么高兴？"那穷人反问："我们穷吗？我们只是没有钱而已。"这个回答震撼了上帝。

难道这个回答在震撼到上帝的同时，还不能够震撼我们吗？没有钱并不一定代表贫穷，钱只是物质，而心灵上的充实才是真正的财富。想想看，人生在世，为的就是活得幸福快乐。而这一切来源于什么？就是知足。

希望还在因为不知足而在忙碌的人们都不时地停下自己的脚步，停下来享受享受生活中的快乐，不要让物质的诱惑改变自己的心灵，也不要让生活的重担将自己窒息。停下来，放松一下，懂得知足，在知足中用心灵为自己好好地绘制一幅人生的蓝图吧！

心语心愿

人活在世上，就是图个乐，知足者常乐，我们要学会知足。不要一味地去追求那些我们认为有价值的一切，那样只会让我们身心俱疲。卸下心灵的重担，让生活零负重，就先从知足做起。

第二章　卸去心灵重担
——拒绝做负重的蜗牛

车子、房子、票子几乎成了每个人追求的目标，似乎只有这样才能体现出自己生活水平的高低，才能让别人得知自己是如何的成功！背着这一大堆的目标生活，让人们逐渐变成了负重的蜗牛，因为舍不得放弃自己背上的负重，所以就无法走更多的路，欣赏更多的风景。

这样的情况我们随处可见，为了实现自己买房子、车子的目标，许多人不分昼夜地加班、兼职，忽略了家人、忽略身体。他们为了这些理念上的东西，艰难地扛着重担，在原地打转。难道一个人的一生只有用金钱堆砌起来才算有意义吗？难道你心甘情愿将自己的一生埋葬在对物质的无限制追逐上吗？其实生活的真谛并不是物质上的享受可以诠释的，心灵上的满足才更重要。我们要大声喊出，拒绝做负重的蜗牛！

1. 别让心灵成为负重的蜗牛

人们生活在这个世界上，不管用何种方式生活，他们最终的目的就是为了享受生活，享受生活中的酸甜苦辣。但是许多人不仅没有享受到生活，而且被沉重的生活负担所压迫。要想自己的生活零负重，就先不要让自己的心灵成为负重的蜗牛。

许多人都喜欢为自己的人生订立一个目标，这样可以让自己的人生有个奋斗的指标，固然是很好的，但是我们也不难发现，他们所订立的这个目标，几乎都是对于物质生活的追求。现实要有房子，然后是车子，然后是更多更多的物质享受，他们从来就没有替他们的精神考虑过。在他们光鲜的外表的包裹下，心灵却空乏得可怕，甚至已经变成了不堪重负的蜗牛，只要稍稍碰触它一下，它就可能会崩溃。

难道这一切就是我们穷尽一生想要追求的吗？我们真的想让自己在买房、买车的压力下，让自己的心灵变得空虚吗？我相信有很大一部分人并不这么认同吧！确实，没有良好的物质基础，说起一切可能都不现实，但是物质并不是我们人生中最重要的唯一，没有车子和房子我们依然会活得快乐，只要我们的心灵是没有负担的，那么我们的生活也就快乐许多。

其实对心灵财富的追求和物质财富的追求并不冲突，就看你怎么对待，如何选择。如果你选择享受生活，那么房子和车子只会是陪衬；如果你选择物质负重，那么房子和车子就会变成你最重的负担，足以让你的一生都在这种沉重的压力下苟延残喘。

有两个老太太买房子。

甲老太太现在的存款只够付房子的首付，她天生是一个善于享受生活的乐趣的人，她仔细地算过，她现在只有50岁，如果现在就按揭房子的话，她感确定自己15年之后就可以还清所有的房贷，她有15年的时间来享受新房子，虽然这15年可能会辛苦一些，不过没关系，至少她觉得有了房子之后，生活应该要更好点。于是她毫不犹豫地按揭了房子。正如她所想，这15年，因为有了房子，她的生活更加美满，辛苦对于她来说，已经不是一种负担，而是一种对于人生的追求。15年之后，她还清了所有的房贷，但是她也干不动活了，她收养了一个小女孩，这个小女孩一直将她养老送终，她付出了所有的爱，也得到了所有的爱。

乙老太太也是50岁，她拥有的存款在付首付之后还有一些剩余，她想，只要她一直努力，在15年之后不仅可以买一套新房子，而且可以攒一些养老费。于是她为自己制订了一个为期15年的买房计划，这个计划让她在15年中吃了很多的苦，甚至有时候她觉得要是没有这个计划，她可能会活得更轻松一些。但是无论如何，她在15年的时间里还是攒够了买房子的钱，当她拿到房产证的那一瞬间，竟然已经没有了想象中的欣喜，只觉得一切都是意料之中的。当她放下重担正要享受生活的时候，生命却和她开了个玩笑，在那个漂亮的新房子里，她仅仅居住了一周之后，就带着遗憾去世了。为了房子她辛苦了整整15年，终于得到了，却没来得及享受就孤独地死去了。

这故事中的两个老太太代表着两种不同的人，一个是将物质享受看作享受生活的一部分，而另一个却将物质当做了整个人生的计划，哪一个值得我们效仿，应该不用多说了吧。其实生活就是这样的，你有一个既定的物质追求固然是好的，但是心灵的追求更加可贵，我们原本可以在轻松中享受生活，为什么偏偏要让生活成为一种负重呢？

相信每个人都见过蜗牛，纵观现代社会的人们，和蜗牛又有什么区别，我们不是也像它那般背着重担在爬行吗？自己的心灵到底是什么感受，或许只有我们自己最清楚，而我们是否也清楚我们来到这个世界到底是为了追求什么？

一位满脸愁容的生意人来到了智慧老人的面前："先生，我急需您的帮助。现在虽然我很富有，但是人人都对我横眉冷对。让我觉得生活真像一场充满尔虞我诈的厮杀。"

"那你就停止厮杀吧。"智慧老人回答他。生意人对老人这样的告诫感到无所适从，于是他带着满心的失望离开了老人的家。在接下来的几个月里，他的情绪变得糟糕透了，几乎与身边的每一个人都争吵斗殴，由此也结下了不少的冤家。一年以后，他开始变得心力交瘁，再也没有力量和人一争长短了。

他再次来到了智慧老人的面前："哎，先生，现在我不想跟人家斗了。但是，生活却不肯放过我，它还是如此沉重——就好像是一副重重的担子压得我难以喘气啊！"

"那你就把担子卸掉吧！"智慧老人给他这样一句话。生意人对这样的回答感到很气愤，随后就怒气冲冲地离开了。在接下来的一年当中，他的生意遭遇了很多的挫折，并最终丧失了所有的家当。妻子带着孩子离他而去，他变得一贫如洗，孤立无援，于是他再一次向这位智慧老人讨教。

"先生，我现在已经两手空空了，生活惩罚了我，让我变得一无所有了，生活留给我的只有悲伤！"生意人哀伤地控诉着生活的不公平。"那就不要悲伤了！"生意人似乎已经预料到会有这样的回答，这一次他既没有失望也没有生气，而是选择待在智慧老人居住的那个山的一个角落里。

有一天他忆起往事，突然悲从中来，伤心地号啕大哭了起来——几天，几个星期，乃至几个月，他都在不停地流泪。最后，他的眼泪哭干了。他抬起头，早晨和煦的阳光正普照着大地。他于是又来到了智慧老人那里："先生，生活到底是什么呢？"老人抬头看了看天，微笑着回答道："一觉醒来又是新的一天，你没看见那太阳每日都照常升起吗？"生意人终于明白了，生活其实很简单，只要你愿意放下自己心灵的那份执著，因为那份执著是一副重担，受压迫的心灵永远不会感受到生活的甜蜜。

生活到底是沉重难以负担的？还是轻松充满快乐的？这全依赖于我

们怎么去看待它，是放下自己心灵中的负担，还是让心灵变成负重的蜗牛？心灵是何模样，我们的生活就会是什么样子。生活中会遇到各种烦恼，如果你只是将这些烦恼摆放在心里，将心灵当做一个烦恼的承载物，那这些烦恼就会变成一种致命毒药，不断腐蚀你的心灵，生活也就成了一副重重的担子。"一觉醒来又是新的一天，太阳不是每日都照常升起吗？"放下烦恼和忧愁，让心灵变得轻松，让生活也开始变得简单、无压。

心语心愿

只要我们愿意放下心灵的负担，就可以享受零负重的生活。生活本来就很简单，只是我们的心灵承载了太多的负担，生活也就跟着复杂化。我们所希望的就是能够享受到生活中的快乐，那么从现在起，先让自己的心灵不要成为负重的蜗牛。

2. 让心灵去旅游

让心灵去旅游，乐观的人生态度可以让你将自己从繁忙的生活中解脱出来。其实心灵也需要乐观来激励，只有充满活力的心灵才能够学会享受人生的乐趣。要想自己的生活零负重，就先要让自己的心灵变得乐观。

乐观是失意后的一种坦然，乐观是平淡中的一份自信，乐观是经受挫折之后的坚强不屈，乐观是困苦艰难中的淡定从容。谁拥有乐观，谁就拥有了最完美的心灵，也就拥有了透视人生的眼睛。谁拥有乐观，谁就拥有了改变命运的力量，拥有了享受快乐生活的特权。

人生不如意十之八九，这是一种客观规律，是无法以人的主观意志为转移的。倘若把不如意的事情看成是自己构想的一篇小说，或是编演的一场戏剧，自己就是那部作品中的一个主角，心情就会变好许多。一味地沉浸在不如意的忧愁中，只能使不如意变得更不如意。既然悲观于事无补，那我们何不用乐观的态度来对待人生，守住心灵中的那份乐观呢？

用乐观的态度对待人生，可看到"青草池畔处处花"，用悲观的态度对待人生，举目只是"黄梅时节家家雨"。就好像打开窗户看夜空，有的人看到的是明媚的夜空，璀璨的星群；有的人看到的却是黑漆漆一片，乌云遮盖了月光。一个心态乐观的人可在茫茫的夜空中读出星光的灿烂，增强自己对生活的信心，能够学会享受生活中的乐趣，放下挂在心灵的重担；而一个只知道悲观绝望的人，就会让黑暗埋葬了自己的同时，让心灵也因为受不了生活的重担而窒息。

用乐观的态度对待人生就要微笑着面对自己的生活，微笑是击败悲观的最有利武器。无论生命走到哪个地步，都不要忘记用自己的微笑看待一切。微笑着，生命才能征服纷至沓来的厄运；微笑着，生命才能将不利于自己的局面一点点打开。

1989年，武汉市新洲区一户人家中传来嘹亮的啼哭声，邓家喜得贵子。然而还在襁褓中的邓守福，很快就被诊断出患有先天性白化病，两眼的视力只有0.1。"我的两个姐姐都很正常，轮到我也许是生命给我开了个基因突变的玩笑。"邓守福对于命运的不公，只是轻描淡写地一语带过。

细心的爸爸考虑到儿子的特殊情况，就从小培养他的阅读习惯，并坚持给他讲历史故事。"爸爸虽然是个石匠，但是很喜欢看文史方面的书籍，也经常给我讲这样那样的故事，童年里他一直把我当正常的小孩子来对待。"小学时，班上有孩子给他起外号，自尊心很强的他打了人，爸爸知道后严厉批评了他，还罚他跪在地上。妈妈为他说情，爸爸却说："别人可以把他看成不正常的孩子，但我们不能，他犯错就要受惩罚。"邓守福说现在之所以乐观开朗，得益于爸爸的教育，"这是一笔受益终生的财富。"

多年求学路，邓守福基本靠听力坚持下来，高中考到了新洲一中。随着学业的加紧，学习起来也更加吃力。但是他凭借努力，最终还是以优异成绩考入湖北第二师范学院学习生命科学。邓守福一直坚信"三人行，必有我师"，乐于学习别人的优点。化生院学生会主席张为军说邓守福跟大家相处得很好，也乐于和大家交流，在他的身上没有人可以看到悲观或者失望的存在。"大一时，他代表我院参加校辩论赛，大方优异的表现让我们看到了一个坚强乐观的邓守福。"邓守福总是不断完善自己的职业规划。他希望能够继续深造，研究白化病。

一个平凡的故事，一个平凡的人，却创造了一个不平凡的人生。乐观开朗的邓守福没有抱怨生活的不公平，始终以自己的行动与命运的残酷抗衡着，在他的身上，我们看到了一颗无比乐观向上的心灵，正是这颗心灵，才让他在自己的人生之路上走得那么坚强，那么完美。

守住乐观的心境实在很不容易，悲观在寻常的日子里随处可以找到，而乐观则需要努力，需要智慧，需要心灵的追寻，才能使自己保持一种人生处处充满生机的心境。悲观使人生的路愈走愈窄，乐观使人生的路愈走愈宽，选择乐观的态度对待人生是一种机智。在诸多无奈的人生里，仰望夜空看到的是闪烁的星斗；俯视大地，冬去春来的勃勃生机……这种乐观是坚韧不拔的毅力支撑起来的一种风景，是心灵在对生活的憧憬中迎来的一份轻松。

人生何处无风景？关键看保持一个什么样的心境。守住乐观的心境,"不以物喜,不以己悲",我们就能看遍天上胜景,享尽生活快乐!

乐观可以让我们的人生充满希望,可以让我们的生活变得丰富,也可以让我们的心灵变得轻松。培养乐观积极的心态需要长期不懈地学习,它就像一种熟练的技艺,心到自然手到,很快就会成为一种良好的习惯。

(1) 要想拥有乐观的人生态度,首先就要学会和过去说再见

忘记过去的种种,不管是失败还是成功,都不要让它影响到你未来的人生。消除脑海中那些与积极心态背道而驰的所有不良因素。找出自己一生中最想得到的东西,并且立即开始行动,努力追寻你的目标。为自己制订一个计划,在计划中让自己的人生充满希望。

(2) 养成一个良好的习惯,让爱心和热忱将这个习惯变为嗜好

懒散和消极是一对好朋友,冷漠可以让人们面对消极的攻击防不胜防。要想拥有一个乐观的心态,就要放弃懒散和冷漠,在勤劳奋斗的时候得到满足,在帮助别人的同时活得快乐。一颗勤劳的心灵,一个懂得知足的心灵,生活对于它来说,就不会是重担,而是快乐的源泉。

(3) 了解真正的挫折,找到原因来个釜底抽薪

事实上,很多时候打倒我们的并不是挫折本身,而是面对挫折时所抱持的悲观态度。阅读一些励志文章,从他人的经验中汲取面对困难的勇气。同时我们应该坚信,积极乐观的心态会对一个人的命运产生极大的影响。彻底清理我们的财产之后,我们会惊奇地发现,我们所拥有的最有价值的东西并不是金钱,而是健全的思想、健康的心灵,它们可以让我们决定自己的命运,把握自己的生活,将生活当一种赋予来感受。

乐观积极的人生态度可以让我们的心灵变得充实但不沉重,可以让我们的生活丰裕而无重负。只有这样的生活才是我们应该追求的,只有这样的生活才能够让我们的人生充满意义,要想减去生活的重担,就让心灵在乐观的岛屿上先来一次旅游吧！

心语心愿

不要再迷茫，也不要再彷徨，更不要将自己陷在生活沉重的漩涡中无法自拔。生活中处处充满欢乐，只要我们学会用乐观的态度对待人生，只要我们愿意让自己的心灵时不时地去旅游，放松一下。

3. 用心去感受，时刻怀着一颗感恩的心

用心去感受生活中的美好，时刻怀着一颗感恩的心，生活就不会变得沉重。其实很多时候并不是生活重得难以承受，而是我们的心。是我们选择了忽略，因为忽略，所以生活惩罚我们，故意将重担压在我们的肩上。

再庞大的存在，也有它致命的弱点；再沉重的担子，只要放下了就不再有重量。生活并没有想象中那般苛刻，它对于人们或多或少的付出都看在眼里，只要你能够把握好机会，怀有一颗感恩的心，就可以得到生活的回报，虽然有时候和付出相比起来少得可怜，但是只要有小的回报，那么大的回报出现的概率也就不会那么小了。

人人都应该怀有一颗感恩的心，拥有一颗感恩的心，可以让你对世间的诸多事情改变看法，让你少一些怨天尤人和一味索取。"滴水之恩，当涌泉相报"。父母的养育之恩、亲友之间的知遇之恩、同事之间共同工作的缘分等，不要等到失去了，才懂得珍惜。感恩，不仅是一种心态，更是一种美德。

一次，美国前总统罗斯福家被盗，被偷去了许多东西。一位朋友闻

讯之后，忙写信安慰他，劝他不必太在意。罗斯福给朋友写了一封回信："亲爱的朋友，谢谢你来信安慰我，我现在一切平安。感谢上帝：因为第一，贼偷去的是我的东西，而没有伤害我的生命；第二，贼只偷去我的部分东西，而不是全部；第三，最值得庆幸的是，做贼的是他，而不是我。"

对任何一个人来说，失窃绝对是一件很不幸的事情。可是罗斯福却从中找出了感恩的理由。人生的道路上不会一帆风顺，我们常常会遇到种种挫折和失败。如果我们不敢勇敢地面对，旷达地处理，而是一味地埋怨生活，这只会使自己变得消沉、萎靡不振。拥有一颗感恩的心，像罗斯福那样换个角度去看待人生的失意和不幸，你就会总会保持健康的心态、完美的人格和进取的信念，生活也就不再那么累，而人生的道路也就不会那么遥不可测。

感恩并是给自己的心灵上的安慰，它不是对现实的逃避；感恩，是一种歌唱生活的方式，它来自对生活的爱与希望；感恩，是一种对恩惠心存感激的表示，是每一种不忘他人恩情的人萦绕在心间的真实情感。学会感恩，是为了擦亮蒙尘的心灵，而不使他它在冷漠中变得麻木；学会感恩，是为了将别人对自己即便是点滴的付出，让它以一种更美好的形式铭记于心。

人生道路，曲折坎坷，不知有多少艰难险阻，甚至会遭遇挫折和失败。在危困时刻，有人向你伸出温暖的双手，解除你生活上的困顿；有人为你指点迷津，让你明确前进的方向；甚至有人用肩膀、身躯把你擎起来，让你攀上人生的高峰……你最终战胜了苦难，扬帆远航，驶向光明幸福的彼岸。那么，你能不心存感激吗？你能不思回报吗？

一切情绪之中最有威力的便是爱心，但它以不同的面貌呈现出来。感恩也是一种爱，如果我们常心存感恩，人生就会充满快乐，因此应该怀着感恩之心好好经营那值得经营的人生，让它充满了芬芳。

一个英国男孩为了积攒学费，挨家挨户地推销着商品。他的推销进行得很不顺利，傍晚时他疲惫万分，饥饿难耐，绝望地想放弃一切。走投无路的他敲开了最后一扇门，希望主人能给他一杯水。开门的是一位美丽的年轻女子，她笑着递给了他一杯浓浓的热牛奶。男孩含着眼泪把它喝了下去，从此对人生重新鼓起了勇气。许多年后，他成了一位著名的外科大夫。

一天，一位病情严重的妇女被转到了那位著名的外科大夫所在的医院。大夫顺利地为妇女做完手术，救了她的命。无意中，大夫发现那位妇女正是多年前在他饥寒交迫时给过他那杯热牛奶的年轻女子！他决定悄悄地为她做点什么。一直为昂贵的手术费发愁的那位妇女硬着头皮办理出院手续时，在手术费用单上看到的却是这样七个字：手术费：一杯牛奶。

妇女用自己的爱温暖了一个孩子幼小的心灵，让他在绝望之时重新得到鼓励；这个幼小的男孩心怀感激，在命运让他们再次相遇的时候，他偿还了那一杯牛奶的恩情。怀有一颗感恩的心，世界也因为它而变得温暖。

感恩是积极向上的思考和谦卑的态度，它是自发性的行为。当一个人懂得感恩时，便会将感恩化做一种充满爱意的行动，实践于生活中。一颗感恩的心，就是一个和平的种子，因为感恩不是简单的报恩，它是一种责任、自立、自尊和追求一种阳光人生的精神境界！感恩是一种处世哲学，感恩是一种生活智慧，感恩更是学会做人，成就阳光人生的支点。心理学家们普遍认同这样一个规律：心的改变，态度就跟着改变；态度的改变，习惯就跟着改变；习惯的改变，性格就跟着改变；性格的改变，人生就跟着改变。愿感恩的心改变我们的态度，愿诚恳的态度带动我们的习惯，愿良好的习惯升华我们的性格，愿健康的性格收获我们美丽的人生！

　　对于生活心存感恩，你就不会有太多的抱怨，生活也就不会有太多的负担。世上没有十全十美的事物，比抱怨更重要的是自己为改变这一切做了哪些努力。感恩之心足以稀释掉我们心中的那些狭隘和蛮横，同时还帮助我们度过最大的痛苦和灾难。常怀感恩之心，我们就可以逐渐原谅那些曾和我们结怨甚至触及我们心灵痛楚的那些人，会使我们已有的人生资源变得更加深厚，使我们的心胸更加开阔。

　　因此，感恩，是一条人生基本的准则，是一种人生质量的体现，是一切生命美好的基础。感恩是生活中的大智慧，能使我们感受到大自然的美妙、生活的美好，能保持我们积极、健康、阳光的良好心态。怀有感恩之心，对别人、对环境就会少一份挑剔，多一份欣赏和感激。感恩，是一种美好的情感，是事业上的原动力和内驱力，是人的高贵之所在。感恩将使你的心和你所企盼的事物联系得更紧，感恩将是你对生活、对一切美好事物的信念，从而一生被美好的事物包围。常怀感恩之心，我们便能够生活在一个感恩的世界，这个世界一定是非常美好的，我们的人生也会变得更加美好。

　　每天怀着感恩地说"谢谢"，不仅仅是使自己有积极的想法，也使别人感到快乐。在别人需要帮助时，伸出援助之手；而当别人帮助自己时，以真诚微笑表达感谢。养成感恩的习惯。一张表达谢意的纸条，一张小小的祝贺卡片，一个小小的鼓励拥抱。对每一天怀有感恩，你并不需要感谢特定的某人，因为你可以感谢生活！感谢生活让你如此快乐！

心语心愿

　　感恩是一种健康的心态，是一种良知，一种动力。人有了感恩之心，生命就会得到滋润，并时时闪烁着纯净的光芒。用心去感受，永怀感恩之心，常表感激之情，人生就会变得轻松，生活也会充满快乐。

4. 除去心灵上的污垢，金钱不代表一切

有人说当今社会就是一个纯金钱的社会，只要有钱，你就会拥有想要的一切：成功、名誉、地位，甚至更多的东西。就是这种纯"金钱论"让我们的心灵蒙上了污垢，让我们的生活在这种金钱氛围的包裹下，变得日益沉重。

很多时候没有金钱是不行的，但是拥有金钱并不代表你拥有一切，或许金钱可以让你如愿以偿得到自己想要的荣誉和地位，甚至你可以用金钱买一份婚姻，买一个无比漂亮的女子做你的妻子，但是你却无法得到真实的东西。或许有人会问，房子、车子、妻子这不都摆放在眼前吗，怎么不真实了？

可是你是否想过，因为可以用金钱衡量，所以容易得到的也最容易失去。世上的富人多了去了，只要他想要，他可以花更多的钱买走属于你的一切，而你原本买到的一切也只是在你手中暂歇了片刻而已。

或许有那么一天，你忽然发财了，捧着万贯家财的你，先是摆脱了贫困的生活，买了豪宅，买了庄园。虽然你身住豪宅，腰缠万贯，但你不一定会觉得幸福，而且会有一些凄凉的感觉。之前虽然穷苦，但是一家人其乐融融。等到失去的时候，却发现自己除了根植在心灵深处的东西，是人的一生中最美好的存在。

偶尔吃到丰盛美味的菜肴，那是因为"偶尔吃到"，所以觉得好吃。假如每日都吃，不久就会觉得厌烦，虽然其滋味并无变化。因为人的味觉习惯了美食，所以就不再感觉可口了。因此吃山珍海味，固然是人的幸福；可是给他吃十倍的山珍海味，却不能算是提供了他十倍的幸

福。人类的感官就是这样，透过感官所察觉到的幸福，也是不太可靠的。

　　人类常为金钱而犯罪。可是从更深一层的角度观察，一般都是得到财以后才犯罪。不要以金钱的多寡来衡量一个人生活的幸福程度，因为看到的并不一定是真实的。而有人说金钱是堕落的源头，正是因为有了金钱的诱惑，人们才会让心灵蒙垢，失去理智，一再地破坏生活的准则，当然，也会受到该有的惩罚。

　　小峰的爸爸和妈妈都是白领，工资比较高。在这个家里，妈妈最辛苦，为了照顾儿子，早起要为儿子准备可口的饭菜。总怕儿子在学校吃不好，临出家门再塞点钱给他。晚上，只要孩子高兴，或自己下厨房，或点餐送到家，再或者干脆带儿子下饭馆。为了儿子，她拒绝了职务升迁、朋友聚会、集体游玩；拒绝请保姆，怕保姆伺候不好儿子；拒绝丈夫参加她和儿子的活动，嫌爸爸管得多。

　　小峰一天天长大了，要的东西越来越多。小的时候要的玩具，妈妈一买就是一套，搞得家里到处都是成批成套的玩具。可现在，要上网，要不做作业，要不上学了，妈妈觉得不对了。你要什么我都给，我要求你学习你怎么不听？妈妈真的生气了，儿子不上学，就不给儿子钱。

　　孩子开始软磨："好妈妈，亲妈妈，我听话，我上学……"妈妈心软了，于是钱又从妈妈的口袋进了小峰的口袋。得了钱，小峰转身就去网吧。因为他三天两头不完成作业，老师总是请家长。妈妈很是生气，就又开始不给儿子钱了。

　　转眼间，小峰上初一了。一天，小峰没有钱上网了，早起就堵着妈妈的门要钱，妈妈不给，他就拿了把水果刀，对妈妈毫不客气地说："你是给我钱，还是让我扎你一下？"妈妈被吓住了。爸爸被他们吵醒了，对妈妈说："你不是上班吗？你走吧，马上走！"妈妈仓皇逃走。

眼看着妈妈走了，钱要不到了，小峰很是气愤，他含了一口水，向爸爸喷去，爸爸忍住气，转身进了自己的房间。儿子嘴里骂骂咧咧地跟进去，拉起架势要打架。爸爸看着孩子这样无理，也气愤到了极点，于是爷俩打了起来。爸爸三下两下把儿子按在地上，没舍得打。小峰想起来，可爸爸就是不撒手。两人一个动作僵持了几分钟，小峰改愤怒为委屈，咧着嘴，眼泪差点没有掉下来："我算过，每天给我50块钱，您不是给不起，给我又能怎么了？"

幸亏小峰刚上初一，羽毛尚未丰满，打不过爸爸，否则父亲也将成为他的"家庭抢劫"的对象了。

像这种为了表达自己的爱，用金钱作为工具，但是在金钱的诱惑下，这个工具却成为了毁掉自己以及爱的凶器。这样的事情我们经常会遇到，虽然有时候金钱可以化解一些不必要的麻烦，也会带来一些好处，但是如果你事事依赖它，迟早有一天你会变成他的奴隶，被它牵着鼻子走。

不管生活是什么样的，至少我们不应该主动为自己的生活加压，不除去心灵上的污垢，再好的生活你也难以从中找到乐趣。不要让金钱成为我们人生奋斗的唯一目标，即使身处竞争激烈的现实社会，我们也要学会为我们的心灵洗澡，至少不要让它一直笼罩在金钱的阴影之中。

心语心愿

金钱并不是万能的，生活的担子之所以如此沉重，就是因为我们将自己的人生定格在了对金钱的追求上，不知不觉中已经让自己的心灵被污垢所沾污。要想生活不再是沉重的负担，那么就先除去心灵上的污垢吧，让自己的心灵恢复自由！

5. 为心灵调味，爱上生活的柴米油盐

要想享受生活中的乐趣，就先要爱上自己的生活，爱上生活中的柴米油盐，学会为自己的心灵调味。美好的味道可以让一个人心生喜悦，当然人生也需要美味，美味的人生才会让生活的负担减轻许多。

要想从一件事物中得到快乐，就先要爱上这件事物，只有出自真心的喜欢，才能够引起你心灵上的感觉，才能从中得到快乐。同样的，我们要是想让自己的生活充满快乐，那么首先就要爱上自己的生活。

要爱上自己的生活，其实很简单，就是喜欢上我们生活中的柴米油盐，生活就好像是煮饭，这锅饭的味道如何，就看我们所用的心思有多少，就看我们如何使用作料为它调味。淡了的时候加点盐，咸了的时候倒点醋，苦了的时候掺点糖，只要把握好火候，用心调配，那生活的味道就不会太差。

我们不应该抱怨生活的不如意，抱怨只会让生活变得更加不可理喻。只有我们爱上自己的生活，才能从中找到乐趣，不管是身处顺境还是逆境，都先要去爱自己所处的环境。如果生活带给我们的是苦难，那么我们就当它是一种考验；如果生活送给我们的是欢喜，那么我们就当是一种恩赐，把生活当做自己最喜欢的一件东西，好好去爱，用心地去保存，那么生活就不会有太大的负担，心灵也就不会如此沉重。

有一群骆驼队横穿沙漠，这支队伍有 15 个人，刚开始的时候，每个人对于能够亲自体验横穿沙漠的感觉而兴奋。因为这些人都来自不同的地方，他们趁着工作休假的时候专门出来旅游，想要感受一下大自然的风光，同时挑战一下自己的极限。

可是当他们骑着骆驼赶了一天的路程之后，他们的热情已经被沙漠的炎日和狂暴的风沙浇灭了，剩下的只是抱怨和悔恨，有好几个人开始后悔自己的选择，他们宁愿待在家里吹空调，也不愿意来到这荒凉的沙漠，后悔自己没事挑战什么极限。但是有一个人一路上都是兴致勃勃的，他没有像其他人那般带很多的行李，他只有一个不大的双肩背包，估计里面装的都是水和食物吧！再就是一些户外露营的必需品。当众人都累得不行准备扎营休息的时候，他似乎意犹未尽，独自骑着骆驼又在附近转悠了一圈之后才回来。对于他的好兴致，众人都很不解，于是就有一个人忍不住问他了。

但是得到的答案却让人们都有些敬佩，那个人说："我一进入沙漠其实和大家的感觉都是一样的，但是我想，既然自己选择来到沙漠，那么我就将自己当做沙漠中的居民，沙漠就是生我养我的地方，我应该爱它。一想起这个，我就觉得好像是要回到家，所以也就没有了疲累，更多的则是回家的欣喜。"众人都似有所悟，是啊，就是因为没有这种归属感作为动力，所以才会感到如此疲累。后来他们终于成功穿越了沙漠，回去之后，每个人的生活都发生了变化，他们不再抱怨，学会了爱生活，生活也大方地回报他们以快乐的拥抱。

人生何尝不是一次横穿沙漠的旅游？如果不喜欢沙漠，走在沙漠上无疑是一种煎熬，这时候它带给你的只有痛苦；一旦你喜欢上了它，你得到的将是一份享受，一份赐予的快乐。面对我们的生活，我们应该如何做呢？是仇恨讨厌它，还是喜欢爱上它呢？仇恨只会让你痛苦，爱上就可以活得快乐，为自己的心灵调味，爱上自己的生活吧！

爱上自己的生活其实很简单，有以下几个方面可供参考：

（1）不要将柴米油盐当做一件厌烦的事情

如果将生活说成是柴米油盐其实是十分正确的，因为生活最基本的

47

就是温饱，而填饱肚子又是最重要的。也许生活的琐事有时候让人觉得很烦，每天都要煮饭、吃饭、收拾屋子、洗衣服……几乎将所有的时间都花在这些小事情上，有时候不断地重复动作，可以让人失去所有的耐心。这个时候，你千万不要烦恼，将所有的家务当做一种必要的锻炼来坚持，干净整洁的屋子可以让人心情放松，美味的饭菜也可以让家人开心，只要在你做家务的时候想到这些，或许你的心情就会变得不一样，那么生活的琐事也就不再那么可恶了。

（2）忙里偷闲，苦中作乐学会享受生活

有很多时候我们觉得生活节奏太快，快得让人难以想象，压力大得甚至感觉自己都快窒息了。其实繁忙是一件好事情，证明你还有存在的价值，但是如果将生活当做一种负担来对待的话，那就大错特错了。生活就像一个纸老虎，看上去可怕，实际上并没有那么吓人。在繁忙中抽出点时间，和朋友聊聊天，打打牌，适当地放松一下，这样的生活会更多彩。在自己感到神经太过紧绷的时候，感觉到承受不了压力的时候，不妨先将扛在身上的担子放下，做一只"缩头的乌龟"又何妨？苦中求乐，躲起来为自己充充电，这样才会有力气扛起更多的重担。

（3）学会忍让，不要对身边的人太过苛求

一个人的生活圈子里最多的就是人了，如果将生活圈称为人际圈还是挺贴切的。只要是与人交往，就免不了出现这样那样的摩擦，有时候不爽了甚至吵起来，打闹起来也是常有的事情。没有人喜欢与人争吵，遇到这样那样的摩擦的时候，先不要一味地将所有的过错都推在他人身上，不妨先从自己的身上来找原因，看看自己是不是对他人太过苛刻了。有句话说"好和好是换来的"，只要你善意地对待他人，想必他人也不会刻意责难于你。在发生摩擦的时候，适当地忍让一下，没必要因为小小的事情让气氛那么紧张。

人是生活的主角，生活是什么样子的，都在于他们以何种心态经营。用心经营，用爱做调料调味，那么生活也是甜蜜的；如果用烦恼经营，将压力当做调味品，那么总有一天你会被生活的压力压垮。

心语心愿

喜欢上自己的生活，用心灵为自己的生活调味。生活中的滋味本来就多变，味太重就会增加压力，估计人们无法消受；味太轻太过平淡，没有什么快乐可言。究竟该如何调味，你这个生活的厨师准备好了吗？

6. 为心灵找个"健身教练"

心灵需要找个健身教练，勇于舍弃可以让你坚强地面对人生中的各种磨难。由于种种原因，我们的生活总是被各种各样的负担所占据，面对沉重的压力，我们的心灵也在经受着挑战。既然感觉无法承受，就应当舍弃一些东西，只有舍弃才可以让你的心灵减压，生活减压。

"当断不断，必受其乱"，生活中的压力多得是，如果你选择将所有的压力都扛起来，那么你一定会被压趴下。一定的时候就要懂得舍弃，有舍就有得，只有你懂得舍弃，才能走出人生中的迷宫，重新站在生活的舞台上。

有一天，一个农民的驴子掉到了一口枯井里。那可怜的驴子在井里凄惨地叫了好几个钟头，就是不知道怎么才能出来，农民也在井口急得团团转，可是没有想到救驴子上来的办法。最后，他断然认定：驴子已经老了，这口枯井也该填起来了，他没必要花太多的精力去救一只已经老迈的驴子。

篇一 修为篇

49

于是农民把所有的邻居都请来帮他填井。大家抓起铁锹，开始往井里填土。驴子很快就意识到发生了什么事，起初，它只是在井里恐慌地大声号叫。不一会儿，令大家都很不解的是，它居然安静了下来。几锹土过后，农民终于忍不住朝井下看去，眼前的情景让他惊呆了。每一铲砸到驴子背上的土，它都作了出人意料的处理：迅速地抖落下来，然后狠狠地用脚踩紧。就这样，没过多久，驴子竟把自己升到了井口。它纵身跳了出来，快步地跑开了。在场的每一个人都因为驴子的聪明而感到惊诧。

其实，我们的生活也是如此。各种各样的困难和挫折，会如尘土一般落到我们的头上，进而凝结成不断增大的压力，压弯我们的身躯。要想从这充满压力的枯井里脱身逃出来，走向人生的成功与辉煌，办法只有一个，那就是：将它们统统都抖落在地，然后重重地踩在脚下。因为，生活中我们遇到的每一个困难，每一次失败，都可以将它看做人生历程中的垫脚石，踩着这些垫脚石，我们就可以逃脱那些压力的围攻，走向人生的更高点。

人生之中，之所以很难抉择得到与舍弃的价值，正在于他们本身并没有什么明显的界限，两者相伴相生，在某一个时刻，面对某一种机缘，总会因为一念之差，有舍有得。人生的所谓最高境界无法单纯地归纳为得到世上一切抑或是舍弃，而是在于恰当的际遇追求值得追求的，舍弃本不属于自己的。人活着，就会有许多的责任和欲望，这些东西背在身上，就会形成一种压力；要是拿掉了，人生又会变得轻飘，无意义。这样我们就要学会舍弃，不要让太重的负担将我们压垮。

生活原本是非常纯朴、简单的。人们所需要的并不多。学会舍弃自己不特别需要，对人生益处不大的东西。人，正因为不懂得舍弃，不能放手去清扫自己，才会有多少纠结无解的痛苦，甚至陷于深深的而又无法自拔的困境中。当自己能懂得舍弃和清扫自己的艺术和智慧时，自己就会豁然开朗，生命就会马上向你展现出另外一个截然不同的景致。有这样一句话：当你握紧双手，里面什么也没有；当你打开双手，世界都在你手中。很多时候我们都应该懂得舍弃，生活中鱼和熊掌都能兼得的情况毕竟是少数，每一次的舍弃是为了下一次得到更好的回报。紧握双手，肯定是什么也得不到，打开双手，至少还有希望。

　　舍弃就好像是我们心灵的健身教练，一个人在健身教练的指导下，他的健身效果才会更显著。同样的，一颗心灵在舍弃的洗涤下，才能更加纯洁明亮。与其说生活的压力大，倒不如说是我们心灵的压力大。正是因为我们不愿意将自己心灵上的一些赘物舍弃，所以才难以负荷生活的重量。

　　舍弃是一种超脱，是一种气度，更是一种升华，一种境界。舍弃需要勇气，但是千万不要把舍弃作为不努力的一种借口。

　　一个农夫和一个商人在街上寻觅财物。他们发现了一大堆烧焦的羊毛，于是两个人就各分了一半背在身上。

　　归途中，他们又发现了一些布匹。农夫将身上繁重的羊毛扔掉，选了些自己扛得动的较好的布匹。商人却将农夫丢下的羊毛和剩余的布匹通通捡起来背在了自己身上，重负使他气喘吁吁，步履维艰，但是一想到自己的所得，也就得到了少许安慰。

　　走了不远，他们又发现了一些银质的餐具。农夫将布匹扔掉，捡了些较好的银器背上，而商人却由于繁重的羊毛和布匹压得他无法弯腰而难以捡到农夫抬剩下的银餐具。天降大雨，商人的羊毛和布匹被雨水淋湿了。他艰难地行走着，最后因为不堪重负而摔倒在泥泞之中；而农夫却一身轻松地趁着雨水带来的凉快回家了。随后他变卖了银餐具，生活得颇为富足。

在这个故事中我们可以看出，生活中存在着很多的机遇。很多的诱惑，同时也有很多的愿望，但是我们毕竟分身乏术，想要一只脚踩着两只船，两只船都会晃悠，更何况三只、四只呢？很多时候，得到就是失去，而失去也就是一种得到，舍得舍得，就像那个农夫一样，有舍才有得啊！只有勇于舍弃生活中的负担，才能够得到生活中的乐趣。

生活就是这样，在坚持选什么的同时，我们也选择舍弃了另一些东西。人常常就是由于舍不得，选择才会变得异常痛苦，生活才会成为压在身心上的负担。但也正由于舍不得，生活的负担才会不断加重，以至于因为不堪重负而过早地衰亡。要晓得，翅膀上系着黄金的鸟儿是飞不起来的，背负着重担的生活不会快乐，承受着压力的心灵不会健康。而舍弃就是我们应该为自己的心灵寻找的健身教练，有了这样一个教练，生活零负重，就不再是一个梦！

心语心愿

愿望是美好的，合适的负重可以让生活变得有价值，但是过多的愿望、过多的负重，就会让自己的心灵难以承受。一颗沉重的心灵，它是无法享受到轻松的生活的。要想减轻自己生活的压力，就给自己的心灵找个健身教练，先学会如何舍弃。

7. 用心享受生活，美景其实就在眼前

你将自己的多少心放在生活中，你就能感受同等分量的快乐。生活中的迷惑实在太多了，面对这些虚虚实实的迷惑，如果你无法选择的时候，就闭上眼，用心感受，放下那些不必要的负担，其实最美的风景就

在你的眼前。

所谓的苦闷都是自找的烦恼。其实，能微笑地活着就好，微笑的面孔、轻快的步调，连上帝见了都会忍不住叫好，为你去驱赶烦恼！其实，人生远没你想象中那么糟糕，换个角度思考，纠结自然会少，若能每天为自己祈祷，幸福迟早前来报到。

有一位青年，他老是埋怨自己时运不济，对生活也失去了信心。整天都长吁短叹，愁眉不展。有一位智者，看到他这个样子，于是产生了怜悯之心，就上前问他："你为什么这么闷闷不乐呢？是什么让你对生活如此不满意呢？"

那个年轻人回答："我觉得我是世界上最不幸的人，我一无所有，事业也没有什么成就。"但是据智者所知，这年轻人有一个很贤淑的妻子，一对可爱的孩子，还有一份很不错的工作。按理说，他是很多人都羡慕的对象，但是他自己却不知道。

于是智者对年轻人说："我给你1000元，换你一份工作，你干吗？"年轻人摇摇头，他现在一个月就上万，从没想过辞职。

智者又拿更多的钱来换年轻人的妻子和儿女，结果同样受到了拒绝。最后，智者对年轻人说："你还怎么能够老是悲叹自己一无所有呢？我用那么多的金钱都换不来你所拥有的一切，其实你是世界上最富有、最幸运的那个人。"青年恍然大悟，他向智者深深鞠了一躬，然后欢笑着回家了。

其实很多时候，并不是幸福不眷顾我们，而是我们的心灵之中被太多的物欲占据了，让我们忽略了自己拥有的一切。如果面对生活的安排，我们实在无法选择遭遇的时候，那么就请珍惜眼下的幸福。用心去感受，面对重重考验以及令人窒息的压力，我们不妨收回放在远处的目光，忘记所有的顾虑，将所有的心思都放在眼前，其实眼前的美景才最真实，也是我们最容易碰触到的。

用心付出，用心感悟，我们就会神奇地发现生活原来是这般的美好，没有负担的心灵，没有重压的人生，也可以体会出存在于人生之中的快乐。

在忙碌了一天之后，学会感知自己的思想和情感，学会用心体验日常生活。无论我们有怎样的精神状态或生活方式，只要用心去生活，那么我们都会以独有的方式享受到生活带给我们的快乐：与亲朋好友的聚会，获得丰收时候的喜悦，一人独处时的悠然自在，甚至奔跑在马路上的欢快。体味现在，体味每一刻。

用心去体会那些看似平凡的日常经历吧！在超市排队、机场候机或是在健身房锻炼时……体会如何在这些等待和清闲中培养幸福感，激发创造力和保持心灵的宁静。用美好的心灵享受生活，总是用积极的态度面对人生，不消沉，不放松。即使我们被生活打得一败涂地，也不要因此而萎靡不振；即使命运对我们如此不公，也不要因此而自暴自弃。让那些消极的想法都随风而去吧！每天都是一个新的开始，我们都应以饱满的热情、崭新的面貌去迎接挑战，因为只有挑战才能激起人们的斗志，才能够让人们感受到真正的自我价值。

用美好的心灵享受生活，总是用顽强的意志面对困难和挫折，不放弃，不屈服。美国运动史上极具传奇色彩的著名滑雪运动员——戴安娜·高登，曾经患有骨癌，也因此失去了右脚，然而她并没有退缩，而是以她顽强的斗志和无比的勇气实现了自己的梦想，并创下了多项世界纪录，获得了美国历届滑雪锦标赛的29枚金牌。一切事在人为，只要心灵是完整的，那么生活就会掌握在自己手里，再大的苦难也会变成好事。

用美好的心灵享受生活，总是寻找别人最好的东西，不高傲，不苛刻。任何事物都不是完美的，总会或多或少地有些不足之处，我们要试着去发现它最美的一面，发现它的优点，不要因为一点的缺陷就对其全部否定，也许稍加修改就会成为完美。在寻找别人的优点时，不仅是对别人的认同，也是对自己的审视。细心的挖掘，会有更多的体味，多一份肯定，少一份挑剔。

有一个来自美国的商人，他坐在墨西哥海边一个小渔村的码头上，看着一个墨西哥渔夫划着一艘小船靠岸，小船上有好几尾大黄鳍鲔鱼。这个美国商人对墨西哥渔夫能抓这么高档的鱼恭维了一番之后，就问他抓那么多与需要多少时间啊？墨西哥渔夫告诉他，自己才一会儿工夫就抓到了这些。美国人再问，那你为什么不再待久点呢，那样的话就可以多抓一些鱼了？墨西哥渔夫觉得不以为然，他告诉那个商人，他所抓的鱼已经足够他一家人生活所需啦！

美国人又问："那么你一天剩下那么多的时间都在干什么？"

墨西哥渔夫解释道："我呀？我每天睡到自然醒，然后出海抓几条鱼，回来之后就跟孩子们玩一玩；再和老婆睡个午觉，黄昏时候晃到村子里喝点小酒，跟哥儿们玩玩吉他。我的日子可过得充实而忙碌呢！"

美国人听后猛然摇头，他告诉墨西哥人说："我是美国哈佛大学企管专业毕业的硕士，我倒是可以帮你忙！让你的日子过得更舒适一些。你应该每天多花一些时间去抓鱼，到时候你就有钱去买条大一点的船。自然你就可以抓更多的鱼，再买更多渔船。然后你就可以拥有一个渔船队。到时候你就不必把鱼卖给鱼贩子，而是直接卖给加工厂。然后你可以自己开一家罐头加工厂。如此你就可以控制整个生产、加工处理和行销。然后你可以离开这个小渔村，搬到墨西哥城，再搬到洛杉矶，最后到纽约，在那经营你不断扩充的企业。"美国人滔滔不绝地讲着，他为自己能想到如此棒的办法而骄傲。

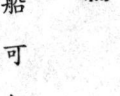

墨西哥渔夫问："这又花多少时间呢？"美国人回答："十五到二十年。"

墨西哥渔夫问美国人然后会怎么样？美国人大笑着说："然后你就可以在家当皇帝啦！时机一到，你就可以宣布股票上市，把你的公司股份卖给投资大众。到时候你就发啦！你可以几亿几亿地赚！"墨西哥渔夫继续问美国人之后会如何呢，美国人说："到那个时候你就可以退休啦，你可以搬到海边的小渔村去住。每天睡到自然醒，出海随便抓几条鱼，跟孩子们玩一玩，再跟老婆睡个午觉；黄昏时，晃到村子里喝点小酒，跟哥儿们玩玩吉他。"

墨西哥渔夫疑惑地说："我现在不就是这样了吗？"美国人被他的这句话哽住了，于是收起了自己的长篇大论，自顾回到了码头上不再说话。

生活正如故事中所说的一样；我们一再地折腾，可是再怎么折腾还是会回到原来的样子。你所追求的不正是你眼前的生活吗？为什么要让自己的心灵那么累，为什么要绕那么多的圈子，花费那么多的时间去追求原本就拥有的一切呢？很多时候我们追求的只不过是更多的压力，不如用心享受生活，让生活轻松简单一点！

心语心愿

不是生活对我们太残酷，也不是生活将压力扔在我们的肩上，而是我们自己将生活看成了一种负担，主动将它扛在了自己的肩上。自找烦恼，拒绝用自己的心灵去感受，所以感觉生活沉重得难以承受是理所当然的。

8. 让心灵自由地飞翔，追求生活的真谛

让心灵自由地飞翔，让压力从自己的生活中消失无踪，就要懂得生活，知晓生活的真谛，只有真正懂得生活的人，才能够解开心灵的枷锁，卸下生活的重担，享受到生活中的快乐和幸福。

生活的真谛究竟是什么？100个人或许有100个答案，因为人们的经历不同，所以生活给予我们的感受也不相同。或许对你来说生活的真谛就是快乐幸福；可对于我来说，生活的真谛在于奋斗和收获；但是他又说生活的真谛在于竞争和取胜……总之，众说纷纭，但是唯一一点可以确定的就是，生活的真谛是美好的，是人们最向往的，也是人们苦苦追寻的。放飞自己的心灵，让它自由地飞翔，只有懂得生活的人，才能够找寻到生活的真谛。

有人说生活的真谛就是能做自己喜欢的事，随心、随意。现在遇到的困难和挫折都是为了坚强人们的意志，让他们更勇敢地去面对以后的生活。说现在只是一个台阶，未来的台阶还多的是，只有等把一个个台阶都爬上去了，得到的才是自己真正想要的。

也有人说生活的真谛在于有爱，就是无论对于任何人，都要存在一份感恩之心，即使是生活，也要对它存在感恩之情。生活带给我们的种种挫折和磨难，其实是一种赐予，只有我们面对这些磨难和挫折的时候，心存感恩，将它们当做是我们人生道路上的一种历练，那么历练的尽头就是成功的喜悦。

还有人说生活的真谛在于奉献。要想得到就先要付出，只有不求回报的奉献，才能让生活变成我们想要的样子。奉献是一种无私的付出，

不计较汗水的多寡,也不计较得到的多少,只在于付出,用毫无所求的付出诠释生活的真谛,人生的价值。

不管是随心随意、有爱还是奉献,它们都只属于生活中的一部分,而生活的真谛是什么,主要在于我们自己的认知,如果你用心去感受,让自己的心灵自由地飞翔,只要你觉得开心,那么生活的真谛就可以是心灵的自由,而只要是我们所追求的美好,都可以是生活的真谛。

上帝让三个凡人回答他们来到人世间到底是为了什么。第一个人说:"我来这个世界上是为了享受生活的。"第二个人说:"我来这个世界上是为了承受痛苦的。"第三个人说:"我既要承担生活给我的磨难,又要享受生活赐予我的幸福。"上帝给前面两个人各自打了50分,却给第三个人打了100分。这个故事就是要告诉我们:我们生活的目的,就是"既承担磨难,又享受幸福",承担和享受就是我们生活的真谛。

生活到底是什么?生活是一条路,一条铺满泥泞而曲折的路,让我们饱受磨难;生活是一杯咖啡,让我们可以感到苦难的后面就是甘甜;生活是一杯白开水,让我们能够在平淡中感受到精彩;人生是一杯柠檬汁,尝起来酸酸的,却又让人难以忘怀;人生是……人只有勇于承担磨难,才能享受幸福,而享受幸福,又是承担磨难的动力。因此,我们既要承担生活的磨难,又要享受生活赐予的幸福。

只"享受生活"的人,他们好逸恶劳,总是幻想着在不劳而获中得到快乐。于是游手好闲,饱食终日,无所用心。只"承受痛苦"的人,则认为世间充满了痛苦和磨难,而人来到这个世上,唯一的目的就是承受痛苦。于是将生命葬送在了消极颓废之中。

既懂得享受,也勇于承担,只有这样才能够在苦难中扬起奋斗的风帆,在失败中找寻到成功的奥秘,只有这样的人生才不会充满痛苦,这样的生活才不会被压力摧毁,而这样的心灵才能自由地在高空中翱翔。

心灵的飞翔，是为了活出一种精彩。这种精彩，不是用数不尽的鲜花和热烈的掌声来证实的，也不是用铺着红地毯的台阶来迎接的，而是在不断进步、不断追求的脚步中，经历了失败和打击，一点点积累、沉淀，最终升华为一种丰富的人生体验和经历。这种飞翔，让人的心灵也跟着颤抖。

有个叫做杰克的美国小伙子，一次他听人们说在非洲的一个小岛上，那里的泥土中含有丰富的金矿，有许多人都去那里淘金去了。这可是个发家致富的好路子，在朋友的劝说下，杰克也混在那些淘金者的行列里，开始了自己的致富梦。

但是那个小岛上的情况却令人失望，那里根本没有传说中那般富含金矿，再说去淘金的人太多了，僧多粥少，根本就不会有财富可言。前去淘金的人看到这样的情形之后一个个都失望而归。但是要去这个小岛，就必须穿过一片海，所以必须有船只运输，杰克看着海的另一头，他真的很想过去看看，海的对面是一个什么样的城市呢？自那以后，杰克几乎每天都做着穿越大海的梦，他感觉自己的心灵就像是长出了翅膀，每时每刻都在催促着他行动。

终于，有一天，杰克打听到有一艘货船要经过这里，开到遥远的海的那一头。他带着满心的希望登上了那只货船的甲板，为了他的梦想，为了完成心灵的愿望，他毫不犹豫地离开了自己的家乡和亲人。

几年之后，杰克回来了，他已经是一个有钱的富翁了，他所拥有的一切让那里的人们美慕。而他也知道了生活主要在于奋斗，只要勇敢地尝试了，生活就会给你机会。而一颗渴望自由，希望飞翔的心灵更是人生中最值得珍惜的。因为这颗心灵，让他知道了什么是成功，同时也让他知道了生活的真谛是什么，那就是勇于承担的同时懂得享受，所以他在自己十分富有的时候选择了回家。

其实生活就是这般,当所追求的一切都摆在眼前的时候,当自己站在高高的台阶上俯视一切的时候,才发觉自己想要的其实很简单,就是希望自己的生活轻松一些,不要在压力的影响下变形;希望自己的心灵能够自由地飞翔,在飞翔中享受生活带来的快乐。追求是无限的,人的欲望也是难以满足的,但是生活是轻是重,主要还在于自己的心灵。

心语心愿

生活其实是由两个字组成的,先有了生,然后才活。生是生命,是上天赐予我们的。而活,是生命创造的,其掌控权就在生命的手中。我们在喊着为活减压的时候,不妨先看看生命的情况,只有没有压力的生命,才能活出精彩,活出价值。

篇二 职场篇

- 第三章 放下心灵压力
  ——轻松步入职场
- 第四章 做个心灵SPA
  ——"职来职往"你是大赢家

第三章 放下心灵压力
——轻松步入职场

职场对于任何人来说都已经不是一个陌生的词汇，但是不少人一听到职场就会想起没有硝烟的战场。确实，职场就是出现在人生中的战场，没有硝烟，是因为职场中的人从来都是斗智的，他们的武器是语言、是手段、是阴谋。所以很多人在还没有步入职场之前，就已经有了恐惧心理，这种恐惧就像是压在心头的一块巨石，让人难以喘息，但是，职场真的有那么可怕吗？

其实，职场远没有人们想象的那般可怕，只要你在进入职场之前，放下心灵上那些不必要的压力，你就可以走得很轻松。只要拥有了属于自己的梦想，抓住每一个能够成功的机会，谦虚、谨慎地叩开职场的大门，只要进入这个大门，到时候该如何发挥，就全靠我们自己了，加油啊！

1. 用心灵赶路，梦想是奋斗的动力

用心灵赶路，将梦想作为奋斗的目标。梦想就像是你职场人生中的一盏指路明灯，只要有这盏灯照在你的面前，再漆黑的夜，也不会让你迷失方向。只要有明确的方向，那么轻松步入职场就不再是一件可怕的事情，而压在心灵上的巨石——恐惧也可以悄然消失。

梦想是藏在人们内心深处最强烈的渴望，是一种挥之不去的感觉和潜意识，也是人们走向成功的原动力。每个人都有着自己的梦想，都有着自己的渴望和追求，或许是一日温饱的愿望，或许是安邦治国的抱负，或许是腾云驾雾的妄望……但不管是什么样的梦想，每个人都想实现它，成就它。

梦想是一步步积累出来的，一位成功的人，他通常做事大方，不拘小节，踏实勤勉，肯于付出。只有用自己的心灵赶路，用心去面对一切，才能让命运给我们机会，才能让我们的梦想不仅仅是一个简单的永远不会实现的梦！

梦想，它能够帮助人们跨越一个又一个的困难，让人们实现一个又一个的愿望！是它，使得人们能够生活在充满进步的社会！因为有了梦想，所以人们会为实现自己的梦想而去努力，去奋斗。假如没有梦想，那么你就好像是没头的苍蝇，就会失去奋斗的目标，从而无法立足在这个社会上。在这个充满着竞争的社会当中，梦想，它起着非常重要的作用，就好像是人生的指航灯，只要拥有了它，人生才会有奋斗的目标，只要拥有了它，人们才会懂得如何去生活。

在100多年前，一位穷苦的牧羊人带着两个幼小的儿子，以替人放羊为生。

有一天，他们赶着羊来到了一个山坡上，一群大雁鸣叫着从他们的头顶飞过，并很快消失在了远方。牧羊人的小儿子问父亲："大雁这是要飞到哪里去啊？"牧羊人说："它们要去一个充满阳光的很温暖的地方，然后在那里安家，度过寒冷的冬天。"大儿子眨着眼睛羡慕地说："要是我也能像大雁那样飞起来就好了！"小儿子也说："要是能做一只会飞的大雁该多好啊！"牧羊人听到两个孩子的话，沉默了片刻，然后对两个儿子说："只要你们想，你们也能飞起来。"

两个儿子张开自己的手臂试了试，都没能飞起来，他们用怀疑的眼神看着自己的父亲，牧羊人说："让我飞给你们看。"于是他张开了双臂，但是也没能飞起来。可是，牧羊人肯定地告诉两个儿子："我因为年纪大了才飞不起来，你们现在还小，只要不断努力，将来就一定能飞起来，去想去的地方。"父亲的话给两个孩子幼小的心灵中种下了两个希望的梦想种子——一定能够飞起来！

两个儿子牢牢记住了父亲的话，并一直不断努力着，等他们终于长大了——哥哥36岁，弟弟32岁时——他们果然飞了起来，因为他们发明了世界上第一架飞机。这两个人就是美国著名的发明家莱特兄弟。

只要将自己的梦想一直坚持下去，不断奋斗，总有一天那个梦想会变成现实，出现在我们的人生中。莱特兄弟经过不懈的努力，终于实现了自己的飞翔梦。许多人都是带着属于自己的梦想步入职场的，或许自己的梦想在短暂的时间内受到了阻碍，也许是对新环境的不适应，也许是其他的任何原因，但是不管怎么样，我们都不应该放弃自己的梦想。没有梦想的人生是不完美的，而没有梦想的心灵是不健全的，没有梦想的生活是沉重的。

而要想自己的梦想成为现实，让这个目标在你的不断奋斗下，将你推上成功的舞台，那你就应该参考一下"梦想成真"五部曲，这五部曲引领着我们造就梦想，成就未来。

第一步：建立一个适合自己的梦想

正确认识自我，确定自己究竟想要什么，然后有意识地树立起自己的梦想。因为适合于自己客观实际的渴望，才能够找到属于自己的天空，而梦想就好像是一对翅膀，借助这对翅膀，你就可以翱翔在自己的天空中。只有有了广阔的空间，梦想才有可能从心底放飞。曾经有位雄心勃勃的年轻人，梦想要发明一种可以溶解一切物质的万能溶液，但是安迪生问他，这种溶液研制出来以后，应该用什么材质的容器来盛放它呢？那人顿时无语。没有建立在事实上的梦想，只能是自欺欺人，徒劳无果。

第二步：静下心来研究并将自己的梦想分解开

树立了适合自己的梦想以后，下一步就应该静下心来研究和分析梦想，将自己的梦想分解，制定出一步步实现梦想的计划方案和行之有效的实施策略，这样就不会使自己的梦想显得遥不可及。曾经有一位名人说过：一个人梦想的目标越明确、细致，他实现自己梦想的几率就越大。只有拥有了明确的目标，才能将梦想一片片地拼凑完整。

第三步：不要痛惜汗水，只有努力加上自信才会让梦想更真实

只有心存一份"梦并不遥远"的自信，和敢于努力去拼搏的勇气，才会拥有"梦想成真"的一天。也许我们在试图实现自己梦想的过程中，会遇到各种各样意想不到的挫折和困扰，这时候我们就一定要坚持住，千万不能因为感到梦不可及而失去信心或停下追逐梦想的脚步，只有持之以恒，在汗水的浇灌下，才能将铁棒磨成针，才能让自己的梦想成为事实。古今中外的成功人士，他们为了实现自己的梦想，哪一个不是付出了巨大的心血反复尝试才做到的？

第四步：谦虚一些，为实现自己的梦想找个榜样

一般说来，我们拥有什么样的梦想，就应该向在此领域已经成功的人士学习，了解他们的成长经历和成就梦想的历程。选择、吸收、消化他们的成功经验，以此来铸造一把适合自己破解梦想之锁的钥匙，打开梦想成真的门。因为善于借鉴他人的成功经验，就是"站在巨人肩膀上"，那样我们自己就可以看得更远，行动得更快。

第五步：不要放过每一个能够使梦想成真的机会

许多人的成功都源于灵感，许多人之所以不能实现自己的梦想，就是因为灵感到来的时候没有及时抓住机会。机会是转瞬即逝的，如果抓

65

住了它，就等于自己实现梦想的把握已经增加到了60%，但是机会只垂青于有梦想和有准备的人。

梦想就好像是玫瑰，对于任何人来说都是诱人的，但是只有用心去接受它的人，才能得到它的芳香。要想自己梦想成真，不仅要有一个实际可行的梦想，还要掌握使梦成真的技巧。当一个人有了对梦想的执著追求的时候，任何困难在他的面前都变得微不足道，这看似强大的重重艰难险阻，都变成了梦想成真的试金石。

心语心愿

用心灵赶路，给自己一个梦想，让我们的人生变得与众不同，让我们的职场不再沉重。拥有梦想，追求梦想，实现梦想，让我们的人生不再虚幻，让我们的奋斗拥有目标，让我们的梦想之花开始绽放，让它成为现实，闪耀出成功的光芒。

2. 不要给心灵加压，职场并非想象中那么可怕

很多人在做任何事之前，都要先对这事以及有关的情况了解一番，同样在即将步入职场之前，我们则更加谨慎，这样就无形中给了自己一种压力，感觉职场就像是屠宰场，一旦进去就无法回来。其实，职场并非想象中那么可怕，不要随便就给自己的心灵加压。

很多时候一些事情并非我们想象中的那般，每个人对于同样的事情都会有不同的见解，如果你想知道事情的真相，就一定要亲自去感受。道听途说只会让你没有了主张，将事情复杂化，无形之中也给自己的心灵增加了压力。

职场到底是什么样子的，对于还没有步入的人们来说，可能只会有一些模糊的概念，就好像是人生的另一个舞台吧，那里的人要比学校或者家里的人复杂得多，他们为了自己的利益会不择手段，如果你太过善良，你就会变成众人欺负的对象……总之种种的现象都告诉我们，想要步入职场，就先要装备好自己，不可以被别人欺负。难道职场真的有那么可怕吗？

我们为什么看不到职场中也存在着善良和美好呢？其实职场很大，只要你离开了家庭和学校，只要你开始用自己的双手挣饭钱，那就已经踏入了职场，职场中的风浪有大有小，只有自己亲身经历了才有发言权。无论你处于何种情况，都不要让众人影响你的想法，这样就算是你回头看自己的人生之路的时候才不会后悔，虽然有时候步履很艰难，但是那是你自己选择的，在那泥泞中有着属于你自己的坚持，也有着印着你记号的成功。

有一个人去旅游，在路上的时候他遇到了一大片茂密的森林，看到如此茂密的森林，他一时竟拿不定主意：这片树林如此之大，林中有什么东西也不清楚，万一遇上危险，那就不好了。但是只要横穿这片森林，用不了一天的时间就可以到达目的地；要是绕着走的话，到第几天后才能到达，他根本估计不出来，因为他查的资料只显示了捷径。他决定向当地的居民打听一下，看看这片森林里到底有什么，可不可以横穿。

于是他来到了附近的村落里，在一家小饭店里向众人打听森林的情况，店里的伙计告诉他，那片林子里面不安全，时常有狼和一些不知道名字的野兽出现，村子里的许多家畜都神秘消失了，估计就是那些野兽干的好事。旅人听了有些害怕，但是一个樵夫却告诉他，说他经常在那片林子里砍柴，倒也没有遇上什么野兽之类的，偶尔才会遇到一两条

蛇，没什么可怕的。旅人听了稍稍安心一点了，于是他问樵夫借了一些防蛇的药，准备横穿森林。但是店里的伙计依然坚持自己的意见，劝他还是绕道走，那样保险。樵夫拍拍旅人的肩膀，鼓励他不要害怕。

终于，旅人还是选择横穿森林，这片森林真的很深密，越往里面走就越深幽，地上挤着厚厚的落叶，甚至里面有一些已经濒临灭绝的树木，在半路上遇到过蛇，偶尔还有一些野兔和山鸡出没，虽然声响很大，但是并不可怕。旅人小心翼翼地穿过了这片森林，终于到达了目的地。他不由地想，这片林子看上去很可怕，但是真正穿过了并不觉得如何，没有店伙计说得那么恐怖，也没有樵夫说得那么简单，因为林中荆棘丛生，并没有明显的道路，想要轻易走出来，不吃点苦头还是不行的。

职场和这片森林是不是很相像呢？因为不了解，只是很模糊地感觉到很可怕，但是真正经历了才觉得并没有想象中可怕。确实要想在职场中占有一席之地，刚开始可能会不怎么容易。就好比找工作，你投递出的每一份简历，可能会石沉大海；你参加过很多的面试，但是都没有被录取。这或许会使你感觉到打击，对生活充满失望，但是你应该想到，只有经历过磨难的历练，我们才能够更快地成长起来；而只有经得住考验的人，才有资格受到成功的青睐。

职场是我们必须经历的一段人生，我们人生的大部分都是在职场上度过的。只有自己亲身经历过，一步一步走来，才会知道职场给我们的人生带来的是好处还是坏处；只有不让自己的心灵处在别人言论的影响下，我们才能够真正感受到职场带给我们人生的改变。要想轻松步入职场，就先要解除对职场的一些错误认识，放下自己心灵上的压力，走出以下的误区。

误区一：职场中只有竞争

许多人讲到职场就会说其中的竞争有多么多么可怕，每个人为了自己的利益，都在绞尽脑汁地在别人的身后挖着陷阱，为了将自己的竞争对手拉下水，真是不择手段。但是事实并非如此，职场中确实存在着竞争，但是大部分竞争都是公平竞争，对手之间相互帮助的事情也不少见，双赢才是竞争的最终目的。

误区二：老板都是"黄世仁"

也不知道什么时候起，几乎是老板都被安上了地主的称谓。在员工们看来，老板的存在就是为了更大限度地压榨员工以获得利润。这种想法是不正确的，或许有些老板确实如此，但是作为一个成功的管理者，他不会吝啬将公司的利益交在员工手上。因为他知道，要想员工为公司创造更多的价值，那么就先要肯定员工的价值，并用薪酬的方式表现出来。

误区三：工作中没有朋友

可能是电视或者小说看多了，给人们一种工作中没有朋友的感觉，人和人在一起就是利用和被利用的关系，只要没有利益上的关联，那就是陌生人，大家各干各的，即使是在同一个公司，我们也互不相干。也不知道是什么原因，让人们相互之间变得如此冷漠，但是我们一定要相信，在职场中还是有朋友存在的，两个人在一起，并不是只有利用的关系，更多的是相互之间的信任和依赖。

误区四：能力就是王牌

一个能力好的人固然会受到他人的赏识，但是只有能力而没有素质的人，任何人都不会喜欢他。在职场中能力并不是最重要的，再好的能力，没有感情，你充其量只是一具精妙的人形工具，现代科技如此发达，没有老板会喜欢用一台要吃饭的机器。所以不要以为职场上只需要能力，而有时候良好的素质才是成功人士的标志。

只要走出以上这些误区，你就会对职场有一个全新的认识，其实职场只是人生的另一个舞台，要想跳出什么样的舞蹈，吸引多少的观众，一切的决定权都在于我们自己。放下心灵的压力，轻松步入职场其实很简单，就是任何事情只有自己亲身经历了，才有权利去作评判。

心语心愿

不要再彷徨，也不要再害怕，大胆地步入职场吧，你的职场舞台只有你自己才是主角，只有你才能跳出属于自己的成功舞步。放下心灵的压力，带着自己的梦想和希望，轻松地在职场舞台上旋转吧！

3. 换个适合职场的形象

"人靠衣装，佛靠金装"，在我们即将步入职场之前，不妨让自己的心灵改个装，换个适合职场的形象，这样我们就不会有太大的压力，至少步入职场的脚步也会轻盈好多。

在职场如何穿衣是一门学问，一个人的穿着打扮，可以显示出他的品位以及讲究。一个连自己的衣着都不重视的人，那么他还会对其他的事情重视吗？作为老板，他不会选择一个不注重衣着的职员。而要想敲开职场的大门，轻松步入职场，那么就先从自己的衣着上改变一下。

衣着对一个人外表的影响非常大，大多数人对另一个人的认识，可以说是先从其衣着开始的。特别是对职场人士而言，衣着本身就是一种武器，它可以反映出你个人的气质、性格甚至内心世界。一个对衣着缺乏品味的人，即使站在职场的大门前，都会被拒绝进入。

有一家大型公司招聘销售人员，前来应聘的人很多，经过几次面试，最终有五个人进入了复试，这五个人中有三位男士，两位女士。复试的时候，该公司有个要求，让他们以自己最满意的形象前来复试。

复试那天，可以看出每个人都还是花费了一些心思去打扮的。有一位女孩子穿了一套淑女装，并且配上了耳环和首饰，显得文静但是有一些拘谨；而另一位女孩子又是另一番风情，她的打扮夸张而大胆，明艳的眼影和唇彩，一袭紧身衣包裹下的身材显得丰满而诱惑。但是复试官看了这两位女孩的装扮，却不怎么开心，只是摇摇头让她们等消息。三位男士的打扮都比较可以，他们其中两位穿的都是西装，打着领带，头发抿得锃亮。只有一位穿着牛仔裤和一件很有型的衬衫，人看上去也清清爽爽的。结果，应聘人员最后只招聘了那个穿牛仔裤的人。其他的四位对于这个结果很不服气，于是打电话去询问复试人员。

复试官告诉那个穿淑女装的女孩子，说公司希望招聘的是销售人员，大部分时间几乎都在外边，她的衣着给人的感觉却太过拘束，并且不够开朗，根本不适合这份工作。第二个女孩子得到的回答是，销售是在推销产品，并不是推销自己，公司的销售人员也代表着公司的形象，她的形象不适合公司的要求。两位男士得到的是，服装正式本来很不错的，但是头发上过多的东西却让人觉得不舒服，他们的着装给人的感觉就是太过拘谨，销售需要灵活一些。而那个被选中的人，先是形象上不过分邋遢，但也不拘束，公司需要的正是这样的人。

可见着装对于一个人的影响还是很大的，但是根据不同的职业类型，着装是有一定的讲究的。但无论什么时候，不管怎么着装，最主要的就是让别人感觉到舒适，这一点舒适是发自内心的。要想敲开职场的大门，轻松步入职场，不妨先换个适合职场的形象。

着装，它既是一门技巧，更是一门艺术。从本质上来讲，着装与穿衣并不是一回事。穿衣，往往所看重的是服装的实用性，它仅仅是马马虎虎地将服装穿在身上遮羞、蔽体、御寒或防暑而已，而无须考虑其他。着装则大不相同，着装实际上是一个人基于自身的阅历、修养或审美品位，在对服装搭配技巧、流行时尚、所处场合、自身特点进行综合考虑的基础上，在力所能及的前提下，对服装所进行的精心选择、搭配和组合。在各种正式场合，不注意个人着装者往往会遭人非议，而注意个人着装的人则会给他人以良好的印象。

着装要想赢得成功，进而做到品位超群，就必须具备以下五点：

（1）凸显出自己的个性

有句话说：世间没有两片完全一样的树叶。同样的，每一个人都具有自己的个性。在着装的时候，既要认同共性，又绝不能因此而抛弃自己的个性。着装要凸显自己的个性，具体来讲有两层含义：第一，着装应当根据自身的特点，要做到"量体裁衣"，使衣服适合自己，并且能够将你的优点显示出来，缺点遮盖起来。第二，着装应该创造并保持自己所独有的风格，在允许的前提下，着装在某些方面应当与众不同。

（2）着装要讲究整体效果

正确的着装，一般都是基于统筹的考虑和精心的搭配。其各个部分不仅要"自成一体"，而且要相互呼应、配合，在整体上尽可能地显得完美、和谐。若是着装的各个部分之间缺乏联系，"各自为政"，它哪怕再完美也毫无意义。着装要想保持整体感，主要注意两个方面：一是要遵守服装本身约定俗成的搭配。如穿西装时，应搭配皮鞋，穿布鞋、凉鞋、拖鞋、运动鞋就会显得不伦不类。二是要使服装各个部分相互适应，局部服从于整体，力求展现着装的整体之美，全局之美。

（3）着装要显得整洁

在任何情况下，人们的着装都要整洁，避免肮脏或是邋遢。要体现出着装的整洁性，只要表现在这几个方面：首先，着装要整齐。不要让自己的服装看起来又折又皱，应该将它熨烫得平整一些。其次，着装最好是完好的,"乞丐装"并不适合出现在正式场合上。再次,着装要干净清爽。又脏又臭的衣服只会显示出你这个人没有教养。

(4) 着装代表着一个人的修养

在日常生活里,不仅要做到会穿衣戴帽,而且要努力做到文明着装。着装文明,主要是要求着装文明大方,符合社会的道德传统和常规做法。它的具体要求,一是忌穿过于暴露的服装;二是避免穿过透的服装;三是不要穿过短的服装;四是不要穿过紧的服装。

(5) 着装应该讲究技巧

不同的服装,有不同的搭配和约定俗成的穿法。就好比穿西装,穿单排扣西装上衣时,两粒钮扣的要系上面一粒,三粒钮扣的要系中间一粒或是上面两粒。女士穿裙子时,所穿丝袜的袜口应被裙子下摆所遮掩,而不宜露于裙摆之外。穿西装不打领带时,内穿的衬衫应当不系领扣,等等。这些,都属于着装的技巧。着装的技巧性,主要是要求在着装时要依照其成法而行,要学会穿法,遵守穿法。如果不清楚,或者自成一套,难免会遭人笑话。

只要掌握了着装的技巧,能够正确地着装,那么至少你的外表和外在的气质就可以让别人打个好的分数,在很多时候,一个人的衣着就是取胜的关键。

心语心愿

不管在什么场合,穿衣打扮还是要有一定的讲究的,特别是在职场,一个人的衣着就代表着他的形象和品位。换个适合职场的形象,也就是改装一下自己的心灵,这样的话,对我们来说,进入职场的门槛也就不再那么高了。

4. 心灵也讲究美德，谦虚可以叩开职场的大门

或许职场会很复杂，职场的门槛会很高，但是你将谦虚作为叩门的法宝，应该要好许多，因为没有人会讨厌一个谦虚的人。我们的心灵也是讲究美德的，要是你想轻松步入职场，那就先让谦虚为你叩开职场的大门吧！

其实，海纳百川，成汪洋之势，是因为它位置最低。人生活在社会上，总能寻找到一个属于自己的位置。你现在站得低，并不意味着没有升腾的可能。低不是尊严低，只要肯以虚心的姿态去实践自己的梦想，珍惜到来的机会，生活就一定会给予你相应的回报。

诺贝尔是19世纪末的瑞典杰出化学家，他一生贡献极大，但是十分谦虚。一位瑞典出版商要出一部瑞典名人集，于是来找诺贝尔。诺贝尔有礼貌地回绝了。他说："我喜欢订阅这本有价值、有趣味的书，但是请您不要将我收入。我不知道我是否应当得到这种名望，不过我厌恶过分的辞藻。"诺贝尔的哥哥想编一部家族史，请他寄一份自传。诺贝尔写道："阿道尔弗雷德·诺贝尔——他那可怜的生命，在呱呱坠地时，差点断送在一位仁慈的医生手里。主要的美德：保持指甲的干净，从不累及别人；主要的过错：终身不娶，脾气不佳，消化力差；仅有的一个希望：不要被人活埋；最大的罪恶：不敬神灵；平生重要事：无。"哥哥反复劝说，并提出代为整理。诺贝尔执意不从，他说："我不只是没有时间，最根本的原因是我不能写什么自传。在宇宙旋涡中，有恒河沙粒那么多的星球，而无足轻重的我们，有什么值得去写？"诺贝尔一生不愿意宣扬自己，他惊人的业绩与他的谦虚分不开。

谦虚是一个永远不会过时的话题，无论是你身处何地，你要想成功，就先让谦虚在前面为你打头阵吧。常言说得好"谦虚使人进步，骄傲使人落后"，谦虚并不是妥协，而是一种甘为人下的生活方式。如果我们总是以谦逊的心态对待一切，以谨慎的方式去做事情，那么到时候获得的就不仅仅是事物本身，还会受到额外的益处。

和谦虚相对的是骄傲。骄傲是一种不良的心理状态，不管是年近不惑的成年人还是刚开始上学的小孩子，他们都会因为一些小小的成功而在一定的时间内产生一种骄傲感，那是因为他们没有正确而彻底地认识自己，只因为一点小小的成就，就感觉到自己要优于别人。他们也会因此夸大自己的优点，看不到自己身上的问题，而把别人看得一无是处；骄傲让他们听不进别人的善意批评，总是处于盲目的优越感之中，就会逐渐地放松对自己的要求，那么失败找上他们，也就不是什么奇怪的事情了。

没有一个人能够有骄傲的资本，因为任何一个人，即使他在某一方面的造诣很深，也不能说明他已经彻底精通，彻底研究全了。"生命有限，知识无穷"，任何一门学问都是无穷无尽的海洋，都是无边无际的天空，所以，谁也不能认为自己已经达到了最高境界而停步不前、趾高气扬。如果那样，则必将很快被同行赶上、很快被后人超过。

刘阳和张辉一毕业就被分到了同一家公司。刘阳是重点大学毕业的高材生，一张毕业证让他很受老总的器重。张辉只是职高出来的青年，因为他过硬的专业技术才被这家公司选中，当然在待遇上要比刘阳差很多。

有一项任务，让他们俩成为了工作搭档。主要是老总想重点培养刘阳，刘阳虽然来自重点大学，但是论到实际操作，却比张辉逊色多了。借此机会，老总想锻炼刘阳的实操技能。张辉能和高材生成为搭档，心

75

中自是开心万分，他做梦都想学到更多的知识。而刘阳却有点不高兴，一直以来，他都很鄙视这个职高生，觉得他无法和自己相提并论。于是干活的时候，多半是刘阳在一旁指指点点，而张辉却在一旁累得汗流满面。不管多么辛苦，张辉都很快乐，因为在刘阳那里，他真的学到了很多以前不知道的知识，他原以为自己在学校也是数一数二的，结果听了刘阳的一些论断，才知道对于专业知识，自己真的很匮乏。

两个人很快就完成了任务，老总也很满意。但是这次任务以后，老总却开始关心起张辉来了，对刘阳逐渐淡了下去。原来，老总一直关注着两个人的一举一动。他发现刘阳总是一副高高在上的样子，高材生的头衔，让他不知道什么是谦虚；而张辉却勤奋好学，上进心强，并且接受新东西很快。于是，在任务结束之后，老总将培养的对象改为张辉。

在上面的故事中，刘阳因为自己毕业于重点大学，就处处觉得高人一等，以至于因为骄傲而丢失了发展的大好机会；而张辉却因为谦虚好学，鲤鱼跃龙门，成为了老总重点培养的根苗。可以看出，一个人的发展前途，和他自身的品质是有重大关系的，谦虚受人喜欢，骄傲惹人厌恶，自古以来，这样的例子比比皆是。

看看我们的生活中，或者职场中，这种因为自以为是，而耽误自己前程的人还不少呢！他们总觉得自己高人一等，总是认为自己说的才是最正确的，或许短时间内他们可以获得些许成就，但是时间一长就会陷入自满的旋涡之中，被别人超越，成为别人的谈资。

当我们在学习上或事业上有了一定作为的时候，则更要懂得保持谦虚的态度。古人说得好："满招损，谦受益。"如果取得了一点点成绩就沾沾自喜，被眼前的胜利冲昏头脑，那么之前辛辛苦苦得来的成绩也会在不知不觉中毁于一旦。在我们的职场中尤其不能骄傲，只有始终保持一颗谦虚的心灵，才会获得更多对自己有益的东西，才能让自己的工作更上一层楼。

虽然一个人的外表和能力很重要,但是他的品德素质更重要,只有拥有一颗美好的心灵的人,他才能够赢得他人的喜欢,一个谦虚的人,不管是在事业上还是生活中,他都会是一个成功的人。而要想敲开职场的大门,让老板们认可你,那么就让自己的心灵也讲究美德,以谦虚作为和将来老板见面的礼物吧!

心语心愿

富兰克林曾说过,缺少谦虚就是缺少见识。职场占据人生的大部分时间,要想自己在职场中占据一席之地,就应该谦虚一些,不要让别人觉得你是一个无知的人。只有一个懂得谦虚的人,才有资格去面对人生的挑战,才有机会获得事业上的成功。

5. 用心灵沟通,要有团队意识

"众人拾柴火焰高",一个人的力量是有限的,众人的力量却是强大的。在步入职场之前,一定要有团队意识,只有在团队之中,你才能更好地发展壮大。而一颗善于沟通的心灵,一个拥有团队意识的人,他要比其他人更容易步入职场,得到同事的认可。

不管是日常生活还是工作舞台上,一个人独舞都会显得单调而没有激情,只有众人的舞蹈才能唤起舞台上的热情,只有众人的衬托才能让主角更加显眼。有人将团队意识比做一种 1+1>2 的结合力,这种结合力代表着众人对待工作,对待同事的态度,这种结合力也是同事之间合作无间的证明,"一荣俱荣,一损俱损",这是他们彼此之间的信任,也是彼此之间的交心。

其实人们的一生都处于团体之中，家庭是小团体，学校稍稍大点，社会就更大些，不管你愿不愿意，但是事实就是如此。而我们即将进入的职场，也是一个大团体，只要是团体，他就有一定的团队，而这个团队的好坏、强弱就由组成团队的成员来决定。为了能够做一个合格的成员，成为职场中优秀的一员，那么就先要有团队意识。

一个脱离了团队的人，就好像是离群的大雁，大雁不仅无法到达目的地，最后还会在饥饿和孤独中死去；而人就会被同事孤立，甚至还会受到上司的百般刁难，最终不是被炒就是黯然辞职。团队的存在，并不是让个人放弃自己的梦想和追求，而是借助集体的力量，让个人的梦想和追求得到更好的发展。个人的成功也许会很耀眼，但是集体的成功更让人感动。

有一天0和88，还有9碰在了一起。88一看自己最大，于是显得有点盛气凌人，根本不把9和0放在眼里。它鼓动四张嘴巴，异口同声地对9说："你知道吗？我是你的十倍只差2呢！"

"我承认你比我大得多，在你面前，我甘拜下风！"9驼着背，面对88的炫耀有些自卑。

"敢于承认人长己短，还算你有点自知之明！"88鄙夷地看了9一眼，然后又转向0，以极度不屑地口吻对他说，"你嘛，连计数的资格都不具备，是个真正的'乌有'先生，根本就没有资格和我相比！"

"你别门缝里看人！"0摆了摆自己圆圆的脸蛋，蛮有自信，"只要我和9团结起来，完全有把握胜过你！"

"哼！"88冷笑道，"9加0或0加9，还不都等于9吗？要胜过我，简直是白日做梦！"

"我们不是相加，而是结合。"0边说边靠近9，跟它如此这般地说了些悄悄话。9听后笑着点点头。于是，0站到了9的背后，组成一个崭新的数字——90。这时，0理直气壮地告诫88："变化发展是一切事物的规律。请你睁眼细瞧，我们胜过你，难道是白日做梦？"0舒了口气继续说："我虽连计数的资格都没有，正如你所说，是个'乌有'先生，但一旦与其他数字结为同盟，就大大改变了原有的力量。你呀，尽是静止、孤立地看待我们，必然落得个孤家寡人、孤军作战的结局！"88看了90之后，变得哑口无言。

　　这个故事虽然很简单，但是它告诉我们，或许单独的看两个事物，觉得他们根本就是不堪一击，但是一旦结合起来，就会成为一种巨大的存在。我们身处职场上和这个又有什么区别，我们拥有自己独立的梦想，一个人要想实现梦想真的很不容易，但是如果多几个和我们拥有相似梦想的人，大家联合起来，那么这个梦想就不会那么遥远，甚至触手可及。

　　团队的精神是可贵的，团队的力量是巨大的，职场的道路坎坷不平，往往一不小心就会陷入这样那样的泥泞之中，只凭着自己一个人的力量赶路，估计还走不到一半就已经筋疲力尽了。如果是众人一起呢，那么这些泥泞和坎坷对于他们来说就显得微不足道了，在泥泞和坎坷中用心灵沟通，当走到尽头的时候，这些个人就已经凝聚成一股强大的力量了——团队力量，在这个力量的奋斗下，我们的未来就不再是梦，我们的职场也会变得轻松多彩。

　　一个公司曾经组织了一次员工大活动，其中有一项活动是划船比赛。他们将所有的员工分成两组，让他们比赛，赢的一方就可以获得奖励。

　　分组的时候，因为平时工作的关系，那些没有什么建树的员工自成一组，暂且称为"平民组"吧！而剩下的一组都是该公司的精英，以

篇二 职场篇

"精英组"代称。在众人看来，还没比赛，就应该有结果了，看看"精英组"的成员，他们一个个摩拳擦掌，跃跃欲试；而"平民组"，却有点蔫不拉叽。但是比赛结果却让众人大吃一惊，得胜的竟然是毫不起眼的"平民组"，他们获得了最后的奖励。

原来"平民组"知晓凭自己一个人的力量是无法将船划得很快的，于是他们团结起来，将劲往一处使，船在行进中一直没有减速。"精英组"刚开始船倒是行得很快，但是慢慢地越来越慢，因为他们各自都不服输，都按照自己的思路划船，结果不仅船速越来越慢，组中成员还差点打起来。所以，最终的结果就是失败。

诚然，在物欲横流的当今社会，没有人愿意将自己的利益拱手让人，个个都想获胜，都想独占鳌头。更多的人喜欢将自己的利益紧紧攥在手里之后，再想尽办法去获得别人的利益。但是往往就会在这种抢夺中，失去了自己的利益。

在生活中，就在我们日常的买菜吃饭中，卖家总想在顾客那里得到更多的利润，于是故意将东西的价格提得很高，并且有时候缺斤短两，对于他们来说，能赚点就赚点，说不定下一次就没有这个机会了。正因为卖家的这种心态，买家理所当然要将价格一降再降，虽然价格降到了他们理想的状态，但是却没法改变卖家的斤两。感觉人和人之间就只是欺骗与被欺骗的关系，其实人性并不是很坏，只要你用心去和人沟通，好买好卖的结果是双赢。

在工作中，为了得到利益，在背后捅人一刀的事情很多，但是为什么大家就看不到，要获得利益，有比争夺更好的办法，那就是共同创造更多的利益，利益多了，每个人分得的也就多了？只有团结起来，将大家融入一个团队之中，才能得到更多的利益。

不管是生活中还是职场中，我们都应当拥有团队意识，只有这样才能更好地相处，也只有这样才能得到更多的回报。只有在心灵的沟通下，将自己放在一个团队之中，才能让你的生活变得轻松，也只有在众人的扶持之下，你才能在职场之路上走得顺畅一些。

心语心愿

要想自己的生活变得简单，自己的职场之路走得轻松，就将自己融入团体之中，用心和他人沟通。只有在众人的努力下，才能够跨过人生路上的重重障碍，只有在他人的帮助下，才能让自己的职场生涯无压力。

6. 为心灵做个美容，工作的态度很重要

"态度可以决定人的一生"，而即将步入职场之前，你是否想好了以什么样的态度对待自己的工作？从心灵就可以看到一个人的丑恶，如果你想做个讨人喜欢的职员，就先让良好的工作态度为自己的心灵做个美容吧！

世界上一切事业有成的人都是乐于工作的人。乐于工作的本质就是享受工作，从工作中找到生存的意义和生命的价值，而对工作的热情和专注就是最直接的体现。IBM 的创始人托马斯·约翰·沃森说："如果你工作表现不佳，自然就会觉得工作乏味、无趣。每当此时，我就会告诫自己要像小时候玩游戏一样带着轻松、愉悦而又专注的心态来积极地投入工作。"只有将自己的心放在工作中，投入专注和热情，才能让你的职业生涯变得有意义，让你的人生变得有价值。

有人曾经问三个砌砖的工人:"你们在做什么呢?"第一个工人没好气地嘀咕:"你难道看不见吗?我正在做着世界上最烦闷的事情——砌墙啊!"第二个工人有气无力地说:"嗨,我正在做一项每小时9美元的工作呢,只为了填饱自己的肚子。"第三个工人哼着小调,欢快地答道:"你问我啊?朋友,我不妨坦白告诉你,我正在建造这世界上最伟大的教堂!"

一个人的工作态度折射着他的人生态度,而人生态度决定一个人一生的成就。一个人的工作,就是他生命的投影。它的美与丑、可爱与可憎,全操纵在他自己手里。一个天性乐观,对工作充满热忱的人,无论他眼下是在砌墙、挖土方,或者是在经营着一家大公司,都会认为自己的工作是一项神圣的天职,并怀着很大的兴趣。对工作充满热诚的人,不论遇到多少艰难险阻,他都会将自己的工作做到最好。

假使你对自己的工作,是被动的而非自动的,就像奴隶在主人的皮鞭的督促之下一样;假使你对于工作,感觉到厌恶;假使你对于工作,没有热诚和爱好之心,不能使工作成为一种喜爱,而只觉得其为一种苦役;那你在这个世界上,一定不会有很大作为的。对工作敷衍塞责的人是不会拥有自信、自尊的。一个人假使不能在工作上尽其至善加倍努力,那他就不可能不得到最高的"自我赞许"。而一个人将他的工作视为苦役和痛苦时,他对工作也就不会做到全力以赴。

许多人不懂得,工作可以激发他们内在的最优良的品格,让他们在奋斗、努力中去发挥出他们所有的才能,去克服一切成功路上所遇到的障碍。世界上没有卑微的工作,只有卑微的工作态度,只要全力以赴地去做,再差的工作也会变成最出色的工作。

老板不可能逼着一个人来他的公司上班,领导也不会强迫一个人在他的手下吃饭。开始的时候,往往是我们主动应聘到了这家公司。能够遇到什么样的工作，其实我们在找工作之前就应该想得到。至于用何种态度对待工作，那就只能看自己了。

如果我们只把目光停留在工作本身，那么即使从事我们最喜欢的工作，我们依然无法持久地保持对工作的热情，而如果在拟定合同时，我们想到的是一个几百万的订单；在搜集资料、撰写标书时我们想到的是招标会上的夺标，那么我们的工作就不会显得枯燥无味了。

看到超越日常工作的东西，以积极的态度对待我们的工作。一旦心情愉快起来了，全身心也就会投入工作之中，那么原本乏味无比的事情会变得妙趣横生，而这正是工作的本质所在。

有一个老木匠，他感觉自己已经老得干不动了，于是向老板递了辞呈，准备离开他熟悉的建筑业，回家与妻子儿女享受天伦之乐。他是全国最著名的几位木匠之一，手艺高超。老板舍不得这样的好员工轻易离开，于是问他能不能帮忙建造最后一座房子，面对多年的老板的请求，老木匠欣然允诺。但是，老木匠很快就发现自己的心已经不在工作上，他只想快点回到家里。于是他建造房屋用的是一些废料，做出的活也显得粗鄙不堪。等到房子竣工的时候，老板亲手把大门钥匙递给他并对他说："这是你的房子，也是在你退休之前，我送给你的礼物。"老木匠被老板的一席话震惊得目瞪口呆，羞愧得无地自容。如果他早知道是在给自己建房子，他怎么也不会这般漫不经心、敷衍了事！现在他只好住在这幢粗制滥造的房子里！

对于一个人来说，工作就是在创造自己的事业以及生活。但是真正这样认识到并做到的人没有几个。许多人就像那个老木匠一样，漫不经心地"建造"自己的生活，将工作看做一种煎熬，只是消极地应付着。等到惊觉自己的真正处境时，早已经困在自己建造的"房子"里无法自拔了。

83

一个长期认为自己工作重要的人，他能够接收到一种心灵传给他的讯号，告知他如何把工作做得更好。一件做得更好的工作意味着更多的升迁机会、更多的金钱、更多的权益，以及更多的快乐。极其出色地完成自己的工作，一个能够尽己所能、精益求精地完成自己的工作的人，他的内心是美丽的，而工作带给他的快乐也是别人无法企及的。

我们对待工作的态度将很大程度上决定我们是否快乐。心若改变，心态就会变，心态改变，工作的心情就会变！如果我们能重新审视工作的优点和缺点，改变一下看工作的角度，换一种对待工作的态度，往往就会将原本充满煎熬的痛苦变成无与伦比的快乐！

如果我们能不断从平凡的工作中发现它的价值所在，转变对工作的态度，我们就能重新燃起对工作的热情，重新喜欢并享受自己的工作，使自己在忙碌中感受到更多快乐。忙碌中的快乐，会让生活变得轻松，也会让心灵变得轻松，更会让我们的人生变得轻松有意义。

心语心愿

用心对待工作，用心灵为自己的工作编织一个积极的态度，那么职场就不会显得那么可怕，工作也不会是一种负担。用一个积极上进的态度对待自己的的工作，让工作折射出我们整个人生的价值，你就会发现，快乐的工作，能够让我们拥有一颗美丽的心灵。

7. 心灵不适合太累，同事之间也可以相亲相爱

如何与同事相处，这基本上是步入职场之后的第一件事情。老人总有排斥新人的一种心理，新人也不怎么喜欢老人。和同事相处是一件很

重要的事情，也是步入职场之前应该学习的第一堂交际课。

身在职场，同事之间也可以相亲相爱，没必要在剑拔弩张之中将气氛搞得异常紧张，其实同事之间并没有什么深仇大恨，干吗要除之而后快呢？工作本来就是一件需要用心的事情，把所有的心思都放在了和同事斗争之上，那还哪有精力做好工作呢？我们的心灵不适合太累，没必要将同事当做自己的眼中钉。

与同事相处其实是一门学问，只要我们步入职场，就难免与人接触，人和人之间发生这样那样的摩擦本来是很常见的事情。同样，同事相处没有一点小误会是不可能的，但是千万不要因为这些小误会而和同事互不理睬。在你的工作中，和你相处时间最长的是同事，你工作认不认真，知道得最清楚的也是同事，同事在你的职场中所扮演的角色是不可忽略的。一个不懂得和同事相处的人，即使他的能力再好，他的工作再认真，他也可能会和升迁的机会擦肩而过，而这个原因就是被你当做陌生人或者眼中钉的同事不愿意站出来证明你的能力和努力。

林枫是一名刚走上工作岗位的大学生，他平时工作很努力，和上司的关系也很不错。上级通知，要在表现比较突出，成绩优秀的员工中选拔一批年轻干部出来。林枫自然是信心十足，因为他毕业于高等院校，在面试的时候，人事经理就已经肯定了他的能力，再加上自己上班之后，更是勤勤恳恳，与其他人相比，那是有过之而无不及。于是他满怀信心等待着升职的报告。谁知，事与愿违，任命书一下来，林枫便泄了气，任命书上的人竟然是比自己差很多的小李，怎么会这样呢？经过多方打听，林枫才明白真相，原来领导来调查的时候，居然没有一位同事为林枫说好话。

同事到底是什么呢？他可以是你的朋友，但是却没法和死党画上等号。你们可以讨论任何工作之外的事情,也可以聊些八卦新闻什么的,但是切记不要将自己的老底翻给同事听,因为毕竟同事之间还是存在一定利益上的冲突的,难保有一天吵架了,他不会抖出你所有的底细。同事可以是老师,他的年纪可能比你大,经验比你丰富,他可以成为你工作中的指导老师,但是你千万不要当他是学校中那般诲人不倦的巨人,虽然学生喜欢提问,喜欢探究答案,但是一定要有个度,否则老师转眼就会成为仇人。

同事和你的地位是平等的,但是如何与同事相处,让他成为你事业中的助力而不是阻力,那就要自己拿捏好分寸。不妨可以看看以下的几点建议:

(1)不要吝啬赞美他人

或许你的同事他是一个能力不怎么强的人,工作完成得也是马马虎虎,但是他最大的优点是随和可亲,许多人都喜欢他。那么你想要同事对自己有个好的评价,就不妨先赞美这个众人眼里的好人吧,只要他觉得你是一个容易相处的人,那么其他和他要好的人,对你的评价也就不至于那么糟糕。其实我们都知道,一句赞美的话,所需要的成本并不高,甚至可以称得上是相当低微的,但是要是针对一个人的心灵,简单的赞美,也可以创造出无限的价值。

(2)同事不会喜欢一个自我表现过度的人

你们是搭档,他擅长的是埋头苦干,不怎么喜欢与人应酬。而你正好与他相反,你讨厌写企划案,而和人交际才是你的强项。于是招待客户、陪他们谈生意的事全交给了你处理。因为客户对你颇有好感。但是千万不要自我表现过度,不要向客户吹嘘,将一切的功劳都揽在自己头上。这样的话,本来与你关系不错的同事马上就会和你反目成仇。适当的时间,适当的地点,勇于自我表现可以提升同事对你的好感度。但是过了,则会给自己增添一些不必要的麻烦。

(3) 敢于承认错误

你的同事和你合作完成一份工作，起初事情朝着你们希望的方向发展得很顺利，但是后来由于意外的出现，工作不仅没能顺利完成，而且还给公司造成了一定的损失。本来双方都有责任的，但是他选择了沉默，这时候你千万不可生气，你应该主动向老板说明情况，并再三强调是因为自己的错误，才导致了他人的失误。事后，可能老板会因为你勇于认错而原谅你，而同事也会因此对你格外感激，主动为你分忧解难。没有人是完美的，工作上难免出现错误，既然发生了就坦白承认，同事不会因此而鄙视你的。

和同事相处不可能一直都是一团和气的，很多的时候由于竞争的存在，他会想尽办法来打败你，以便取得更多更好的发展机会。所以，掌握一些和同事相处的方法还是很有必要的。只要你掌握了这些，有时候他的打压反而会变成你事业发展的助力呢！

Andy 应聘到某公司做文员。她长得很漂亮，刚进公司，就受到许多男同事的关注，但同时也成了不少女同事的眼中钉，可是 Andy 并不因为自己漂亮就看不起人，她的好脾气、好耐心很快就收服了那些起先视她为仇敌的女同事。但是有一个人却始终容不下她，那就是总经理助理 Ann。Ann 总是指使 Andy 做很多事情，并且不管 Andy 做得多好，都要挑剔一番。由于 Andy 老是来经理办公室送文件，经理慢慢地对她有了印象，他看到被 Ann 时常刁难的这个女孩，她从来都不恼，把每一件工作都做得很好。并且也不会因为自己天生漂亮就瞧不起同事。经理观察了 Andy 一段时间后，在一次公司会议上，他宣告 Andy 接替 Ann 成为总经理助理，而 Ann 被开除了。主要是 Ann 太过骄横，只要是比她漂亮的女同事，都会受到她的排挤、打压。因为经理一时没有找到合适的助理，也就对她睁一只眼闭一只眼，现在找到了，就没必要留这么小心眼的职员在公司了。

同事之间的关系是人际关系中很重要的一个方面，也影响着一个人事业的成功与失败。其实大家能在一起共事是一种缘分，我们工作的时间，三分之一几乎是跟同事在一起度过的。大家共享一份空间，拥有同一个目标，共担一份责任，你关系着我，我影响着你，千丝万缕的联系更是无法扯断，难道相处的方式只有水火不容吗？

我们没必要老是防着这人，躲着那人，其实同事之间的矛盾只要搬上台面就没有什么大不了的，一件事情说开了也就没有什么了。何必让自己的职场生活那么累？如果一心只想着防着他人，那么不等着你被工作累倒，你就先被自己的杞人忧天折磨得筋疲力尽了。

心语心愿

学会正确地和同事相处，不要让自己的心太累。其实职场的生活并不可怕，同事之间也可以相亲相爱，如何将同事变成自己工作发展的一大助力，那就看你自己的选择了。如何你选择对了，在职场这条人生之路上，你的脚步就会轻松很多。

8. 找到心灵的向导，责任让你拥有魅力

有句话说"责任胜于能力"，对于一个生在职场的人来说，责任就相当于心灵的向导，一个勇于承担责任的人显得更有魅力。要想轻松步入职场，那么就先要懂得什么是责任，并勇敢地将其承担起来。

责任就是担当，就是付出。责任是我们应当做的分内的事情。责任感是衡量一个人精神素质的重要指标。在步入职场之前，我们就应该明了自己应该承担起什么样的责任，只有对自己的工作负责，才能得到上司的肯定，才能在遇到升迁的机会的时候，心安理得地去争取。

　　爱默生曾经说过："责任具有至高无上的价值，它是一种伟大的品格，在所有价值中它处于最高的位置。"责任是一种与生俱来的使命，它伴随着每一个生命的始终。事实上，只有那些能够勇于承担责任的人，才有可能被赋予更多的使命，才有资格获得更大的荣誉。一个缺乏责任感的人，或者一个不负责任的人，首先失去的是社会对自己的基本认可，其次失去了别人对自己的信任与尊重，甚至连自身的立命之本——信誉和尊严也都会失去。清醒地意识到自己的责任，并勇敢地扛起它，无论对于自己还是对于社会都将是问心无愧的。人可以不伟大，也可以清贫，但是我们不可以没有责任心。任何时候，我们都不能放弃肩上的责任，扛着它，就是扛着自己生命的信念。

　　一个11岁的美国男孩在踢足球的时候，一不小心将邻居家的玻璃打碎了，邻居愤怒不已，向他索赔12.5美元。这12.5美元在当时可谓是一个天文数字，它足够买下125只生蛋的母鸡了。男孩把自己闯祸的事情告诉了父亲，并且真诚地忏悔着自己的过错。看到儿子为难的样子，父亲拿出了12.5美元，但是他告诉男孩子："这笔钱是我借给你的，一年后，你要分毫不差地还给我。"男孩赔了钱之后，为了还清自己的欠债，便开始了艰苦的打工生活。终于，经过半年的努力，他把这"天文数字"分毫不差地还给了父亲。这个男孩就是后来的美国总统罗纳德·里根。他曾经回忆道："通过自己的劳动来承担过失，使我懂得了到底什么是责任。"

89

责任能够让人坚强，责任可以使人勇敢，责任还可以让人知道关怀和理解。因为在我们对别人负有责任的同时，别人也在为我们承担责任。无论你所做的是什么样的工作，只要你能认真地、勇敢地担负起责任，你所做的一切就是有价值的，你就会获得同事的尊重，老板的认可。

有的责任担当起来可能会很难，有的却十分容易，无论是难还是易，不在于工作的类别，而在于做事的人。只要你想、你愿意，你就会做得很好。这个世界上的所有的人都是相依为命的，所有人共同努力，郑重地担当起自己的责任，才会有生活的宁静和美好。任何一个人懈怠了自己的责任，都会给别人带来不便和麻烦，甚至是生命的威胁。我们的家庭需要责任，因为责任让家庭充满爱。我们的社会需要责任，因为责任能够让社会平安、稳健地发展。我们的企业需要责任，因为责任让企业更有凝聚力、战斗力和竞争力。

琪雅和梅子是一对好朋友，她们进公司的第一天就认识了。琪雅做事细心而且是个十分有耐心的人，梅子有点大大咧咧，但是心眼还不错。她们干的都是公司采购的工作，就是平时要是公司需要什么东西，就让她们去采购，虽然不是技术含量很高的工作，但是一不小心就会弄错。而她们的老板是一个对员工极度苛刻的人。

有一次，琪雅和梅子负责去采购一批公司要用的汽车零件，这是一家汽车公司需要的东西，因为老板和汽车公司有业务上的往来，他们听说这边的汽车零件便宜一些，所以托老板代买一些。这对于老板来说，是一个难得的合作机会，只要这次代理成功，以后这方面的合作，自然是会很多。于是，在琪雅和梅子出去之前，老板一再叮嘱她们不要赶时间，一定要买到价格最合理，质量又最好的零件，并且保证所有的零件都是合格的。梅子向琪雅抱怨老板有些神经质，而琪雅只是一笑置之。

她们走了好几处地方，才找到了符合老板要求的零件。前几箱，她们挑选得十分认真，但是需要的零件实在太多了，最后一箱的时候，梅子有点不耐烦了，于是直接将东西装了，并没有细心查看，是不是符合规格的。她们相信卖主不会糊弄她们，因为没有人愿意将上门的买卖往外赶。

谁知就是这最后的一箱，可能是卖主弄错了，总之，货送出不久之后，就被汽车公司退了回来，原来这箱零件并不符合他们的要求，前几箱都是很不错的。老板接收到被退回的零件后，火冒三丈，直接喊来了琪雅和梅子，问怎么回事。梅子听完，直接将责任推到了琪雅的身上。琪雅看了梅子一眼，然后就承认一切都是自己的疏忽，但是她请求老板给自己机会弥补过错。老板很欣赏琪雅的敢于承担，竟然破天荒地给了琪雅弥补过失的机会。琪雅带着符合规格的零件去了那家汽车公司，在她的一番努力下，汽车公司竟然答应成为她们公司的长久合作伙伴。琪雅一回来就被老板升了职，而梅子在琪雅去汽车公司的那段时间就辞职了，据说是老板将她辞掉的，说梅子不知道什么是责任。

一个知道责任的人，他不会在遇到事情的时候找借口为自己推脱，也不会将所有的过错推在他人的身上，他们敢于承认自己的过失，敢于承担应有的后果。他不会因为小小的过失就否定自己的价值，也不会因为过错而逃之夭夭，错误对于他们来说，是一种历练，一种成长。

责任，可以让我们在职场中变得有魅力；用责任做自己心灵的向导，让我们承担起工作中的责任，做一个敢于承担责任的人。只有承担责任，才可以让生活的重量不再增加；也只有承担责任，才不至于让责任累积起来，成为心灵的负重。放下心灵的压力，责任可以让我们在跨入职场大门的时候，脚步轻松一些。

心语心愿

你是最美、最优秀的职员，因为你敢于承担责任。作为向导，责任让你的魅力无法忽视。或许你还在为如何步入职场担心，或许你还在为职场激烈的竞争而害怕，但是只要你肯放下心灵上的压力，做好入职前的准备，那么你要进入职场就会变得很轻松。

第四章　做个心灵SPA
——"职来职往"你是大赢家

没有人不愿意在职场上大干一番，成为大赢家，然后站在胜利的舞台上接受鲜花和掌声。但是要想做一个真正的职场大赢家并不是一件简单的事情，任何一个自私自利的人，都无法将成功攥在手中。所以，要想成功，那么就先要有助人为乐的精神，帮人就是帮己，一个人的力量终究有限，只有相互帮助，团结起来，才不至于被困难打倒。曾经有人说，吃亏也是在积累运气，懂得自己心灵的声音，将幽默当做一种工作中的润滑剂，它可以让你的事业更加顺利。

做个心灵的SPA，职来职往，要做大赢家。心灵也是有感觉的，只有用心灵舞出的人生，才是最动人的。如果，想要自己的人生变得有意义，自己的职场充满精彩，那么就让自己的心灵加入其中吧！

1. 心灵也会有感觉，帮人就是帮己

帮人就是帮己，无论什么时候，我们都不应该拒绝向他人伸出援助之手。要想自己的职场充满掌声，就要相信我们心灵的感觉。来自心灵的真实感受，会让我们的职场生活变得轻松一些。

人生的道路很漫长，职场之路更是充满各种意想不到的变化。今日的好同事有可能在明日变成敌人；前一分钟还笑呵呵地称赞你的上司，

转眼就变成那个最讨厌你的人；你为了帮助同事，连周末休息的时间都放弃了，但是就因为一点小小的失误，你变成为了他抱怨的对象……这一切都让你心灰意冷，让你对人性失去希望，但是这毕竟是少数中的特例，其实，你没必要因为个别的一些事情，就否定所有身边的人。向他人伸出援助之手，在他们需要帮助的时候，拉他们一把。说不定在你遇到困难的时候，他们也会伸手帮你一把。

帮助他人就是帮助自己，一个喜欢帮助别人的人，无论他走到哪里，在干什么工作，命运都会格外眷顾于他，因为他有一颗高贵的心灵。而一个吝于向他人伸出援手的人，命运对他也会格外小气。在职场上想要站稳脚跟，最好的办法就是用自己的心灵认真感受，在善意的帮助别人之中建立起属于自己的人际网。

一头驴子和一匹马，它们各自背着一大包盐，沿着崎岖的山路行走。中午的太阳像一个火球，那头可怜的驴子驮着沉重的盐包，整整走了一天，已经累得不行了。它可怜兮兮地对马说："我能不能把背上的盐分一些给你驮呢？我实在走不动了，恐怕撑不了多久就要倒下来了。求你帮帮我的忙吧！"

"我不同意你的建议"，马毫不犹豫地拒绝了驴子的请求，"我们的主人很明白，你我各自能承受多少的重量，我不想过度负重！"可怜的驴子听后就不再说什么了，它咬着牙继续走下去。可它实在承受不了了，于是还没有走到那座小山的顶上，就倒在地上死了。主人走上前去，把驴子背上的那个大盐包卸下来，全都都放在了马背上。

马背着两个沉重的大盐包，艰难地赶着没有走完的路程，它一步比一步吃力，后背因为不堪重负好像要折断一般。它边走边想：刚才还不如帮助一下自己的好朋友驴子呢！

正如故事中所讲，很多时候我们会故意忽略他人的请求，一是不想惹不必要的麻烦，二是根本就不愿意管他人的闲事。或许我们会有这样的想法，我们只要尽好自己的本分就可以了，何必多事管其他人呢？他们是死是活，和我们有什么关系？做不好自己的工作，只怪他们自己没本事。但是我们有没有想过，世界上根本就没有万能的人，你无法保证自己一直都是顺风顺水的，难免哪一天遇上独自一人解决不了的事情，那时候你该怎么办？

我们没必要那么自私，帮助他人也不见得自己会损失什么东西，更何况帮人就是帮己，只有你自己拥有一颗乐于助人的心，才会赢得他人的好感，才会在遇到困难的时候不至于一个人辛辛苦苦地扛着。

职场中人与人之间不仅仅是竞争的关系，更是一种互帮互助的关系。只有我们先去善待别人，善意地帮助别人，才能处理好与同事之间的关系，才能使自己所做的事情获得成功，从而获得双倍的理解与快乐。在我们追求成功与掌声的过程中，千万要记住一句话：帮助别人就是帮助自己，只有相互之间的帮助，才能让你在职场的阶梯上更上一层，让你的人生变得有价值。

日已西沉，一个贫穷的小男孩因为要筹够学费，而逐户做着推销，此时，筋疲力尽的他腹中一阵作响。是啊，已经一天没吃东西了！小男孩摸摸口袋——那里只有1角钱，该怎么办呢？思来想去，小男孩决定敲开一家房门，看能不能讨到一口饭吃。

开门的是一位年轻美丽的女孩子，小男孩感到非常窘迫，他不好意思说出自己的请求，临时改了口，讨要一杯水喝。女孩见他似乎很饥饿的样子，于是便拿出了一大杯牛奶。小男孩慢慢将牛奶喝下，礼貌地问道："我应该付多少钱给您？"女孩答道："不需要，你不需要付一分钱。妈妈时常教导我们，帮助别人不应该图回报。"小男孩很感动，他说："那好吧，就请接收我最真挚的感谢吧！"

走在回家的路上,小男孩感到自己浑身充满了力量,他原本是打算退学的,可是现在他似乎看到上帝正对着他微笑。

多年以后,那位女孩得了一种罕见的怪病,生命危在旦夕,当地医生爱莫能助。最后,她被转送到大城市,由专家进行会诊治疗。而此时此刻,当年那个小男孩已经在医学界大有名气,他就是霍华德·凯利医生,而且也参与了医疗方案的制定。

当霍华德·凯利医生看到病人的病历资料时,一个奇怪的想法、确切的说应该是一种预感直涌心头,他直奔病房。是的!躺在病床的女人,就是曾经帮助过自己的"恩人",他暗下决心一定要竭尽全力治好自己的恩人。

从那以后,他对这个病人格外照顾,经过不断地努力,手术终于成功了。护士按照凯利医生的要求,将医药费通知单送到他那里,他在通知单上签了字。

而后,通知单送到女患者手中,她甚至不敢去看,她确信这可恶的病一定会让自己一贫如洗。然而,当她鼓足勇气打开通知单时,她惊呆了。只见上面写着:医药费——一满杯牛奶——霍华德·凯利医生。

一念之间,种下一粒善因,很有可能会令你收获意想不到的善果。做人,没有必要太过计较,与人为善,又何尝不是与己为善?当我们为人点亮一盏灯时,是不是同时也照亮了自己?当我们送人玫瑰之时,手上必然还缠绕着那缕芬芳。

在合适的时候帮助他人,也就是帮助自己。有时候一件事情的成功与否,其实就是一个契机,而这个契机只要你把握得住,就可以让自己成功。在职场上其实和生活中一样,我们没必要计较那么多,如果事事都精打细算,反而会失去更多。

这个社会的发展本来就是建立在人与人的相互帮助上的,不管是在生活上还是职场中，如果缺少了相互帮助，那么你就会无法生存。老板给你一个工作的机会，这算帮助吧；你为老板打工，让他获得一定的利润，这也算是一种帮助啊！人际关系本来就是靠人与人之间的相互帮助来维持的，要想自己在职场中的价值更高，那么就先帮助别人，在这种帮助中让他们感受到你的重要性吧！

心语心愿

职场或许会很辛苦，也许会充满竞争的残酷，但是只要你为自己的心灵做个 SPA，用自己的心灵去感受一切，那么你就可以在帮助别人的同时帮助自己，你就可以轻轻松松地做个职场大赢家。

2. 心灵需要"加油站"，勇气可以抓住机会

勇气可以让我们抓住机会，勇气也可以让我们在困难面前变得坚强，勇气更可以让我们在职场中实现人生的价值。心灵也需要自己的"加油站"，做一个拥有勇气的职场人吧，让自己的职场生活不再沉重。

"人的勇气能承担一切重负"，无论你的生活或者你的工作多么的沉重，只要你拥有勇气，那么这一切对你来说就不是一个难以背负的重担，而是促进你进步发展的积蓄力。或许有时候我们觉得很辛苦，我们哀叹命运对我们不公平，我们害怕命运中的一些过失和错误，我们害怕被人批评，受人鄙视，我们更害怕因为一时的好强而失去拥有的一切。但是正是因为我们的这些害怕，所以往往将许多发展的好机会错过了。其实只要你拥有勇气，不错失任何一个机会，那么总有一个机会可以让你一步登天。

有一句话说，心的道路即是勇气的道路，表示只有用自己的心去生活，去工作，才能发现生活的意义，工作的乐趣。一个不懂得用心生活，用心工作的人，那么一切在他看来都是枯燥无味的，生活只会让他累得无法呼吸，工作对他来说就是一件苦差，一种为了养家糊口的生活方式。那么他在工作中也不会得到快乐，更不会有所发展。

曾经有两个人在沙漠中，他们的食物和水都吃完了，两个人当时是又饿又渴。当时，一个人从口袋里掏出一把手枪和五颗子弹给另一个人，并对他说："我现在就要去找水，要不然我们非死在这沙漠里不可。请你在这待着，每隔一小时打一枪，让我知道你在什么地方，以免我待会儿迷了路。"另一个人点了点头，得到同伴的保证之后就走了。

另一个人照着他的话做了，每隔一小时就打一枪。打到还剩最后一颗子弹的时候，那个找食物的人还没有回来。于是他开始担心，担心那个人已经死了。他开始害怕，最后终于忍不住了，用最后一颗子弹打死了自己。枪声响后不久，找水的人，拿着水回来了，可是这个人已经死了。

其实这个人只要忍耐一下就可以活下来，可是他放弃了这次生还的机会，因为他没有勇气。歌德说过："你失去了财产，你只失去了一点；你失去了荣誉，你失去了许多；你失去了勇气，你就把一切都失掉了！"一个连勇气都失掉的人，那么无论他有多么宏伟的计划，多么远大的理想，他也无法抓住命运的机会，让一切都实现。

勇气并不是要求一个人去逞匹夫之勇，而是一种对于生命的不服输，是一种面对艰难时候的大无畏。如果生活让我失去了一只翅膀，那么我就用另一只翅膀来飞翔；如果生活让我失去了一双翅膀，那么我就用自己的双足踏遍天下。这不是狂妄的吹嘘，而是有十足把握下的宣言。这就是勇气，来自人们心灵深处的动力，因为这股动力的存在，不知造就了多少的职场成功者。

有一个大型公司，他们想在一个陌生的城市建立分公司，因为那里的经济还比较落后，人们基本上还过着很原始的生活。公司决定派一批人先去打探市场。

这批人回来之后，老总询问了他们了解的情况，得出的结论是，这是一个很有发展潜力的市场，但是要想有个好的开始并不容易，如果领导决策不正确，不仅会血本无归，还会赔上好大的一笔，而以后想再次开辟这个市场那就难上加难了。

越是难办的东西，它后面潜在的好处越大。但是公司的许多老员工还是选择了不冒险，他们的理由是，自己已经熟悉了目前的所在市场，不想再换地方。就在老总一筹莫展的时候，刚应聘到公司不久的一个年轻小伙子希望老总可以让自己试试。老总有些不放心，他并不是小看年轻人的能力，而是认为把一个新市场交给经验丰富的"老人"还是比较稳妥。于是老总委婉地拒绝了年轻人的主动请缨。但是这个年轻人并不气馁，他花了好几天制作了一份未来市场发展的计划书，将它呈给老总，希望老总能考虑一下自己；尽管年轻人的计划书很不错，但是老总还在犹豫中，他还在等那些经验丰富的"老人"，希望他们中能够有一个人主动站出来。结果"老人"们一个比一个"稳重"，他们个个不搭老总的茬，只管做着自己的工作，就在这时候，那个年轻人又递上了比上一份更完美的发展计划书。于是这次老总直接将他喊到办公室，问他是什么让他这般执著？年轻人不卑不亢地说："是我追求自己梦想的那一份勇气，只要我拥有它，我就可以拥有一切！"年轻人的话让老总想起了当年的自己，当年自己何曾不是像他这般执著认真，才有了今天的成果？于是老板给年轻人三年的时间，让他开拓那个新市场，三年之中赚的分年轻人一半，赔得全算公司的。

这是老板在和自己打赌，他赌的是年轻人的那一份勇气。果真，那个年轻人没有让他失望，刚开始的时候确实赔了不少，但在第二年，情势一下子逆转过来，不仅赚出了本钱，甚至将第一年赔进去的也赚了回来。第三年，获得的利润让老总笑逐颜开，他庆幸自己没有看错人，不仅将之前所许的诺言兑现，而且将那个公司全权交给年轻人负责，并将他升为公司的董事之一。

正是这个年轻人的那一份勇气，才让他拥有了更大的成就。如果他安于现状，或许凭着他的能力，他会是一个很优秀的"老人"，拿着比较丰厚的薪水，享受着小资的生活。但是他没有，他的勇气让他学会抓住任何一个机会，结果回报他的就是成功。

没有人不想成功，但是很多人当拥有一份比较舒适的工作的时候，他们就没有了继续前进的雄心，他们情愿在平庸中享乐一辈子，也不愿意站在成功个巅峰上，俯视整个人生的历程。因为他们没有战胜自己的勇气，他们不想打破平稳的生活，正是因为他们缺少这种勇气，才会在日复一日，年复一年中消磨了自己的锐气，遗忘了自己的梦想。也就是在这种平庸的满足中错失很多机会，和成功擦肩而过。

人可以活得平凡，但是不可以平庸，因为平凡中也可以见证到奇迹，但是平庸只会将人们的精力消磨殆尽，一颗没有勇气包围着的心灵，就好像是没有油的车，不管你如何努力，你都难以到达目的地。要想自己的事业有所成就，就要先让勇气为自己的心灵加满油，这样才不至于在半途中抛锚。

心语心愿

职场中复杂多变，但是每一个困难的后面都藏着一个机会，只要你为自己的心灵建造一座加油站，拥有足够的勇气，及时地抓住这个机会,你就可以在自己的职场中成为赢家。无论多繁重的工作,对你来说都不再是压力,而是一种乐趣。

3. 吃亏也是积累运气

"吃亏是福",这是来自心灵的声音,心灵是从来不会欺骗我们的,对于职场中的我们来说,可能会遭遇各种各样的困难,但是我们始终要记住,虽然吃亏让人很难受,但是只要你能撑过去,那么吃亏也就是一种积累运气的方式。

有个人工作特别卖力,但是被一个只会溜须拍马的人挤了下去,于是他闷闷不乐地离开了原来的公司,开始自己创业,不久之后,就有了一家规模不算小的属于自己的公司,当他站在成功的峰顶上看原来的自己的时候,觉得当时那个人却是帮助自己最大的人,正是因为他让自己吃了那一次亏,所以才离开公司自己创业的。如果现在还待在那个公司,说不定还比不上现在的成就。

有时候,吃亏是给未来积累运气,吃亏就是得福。其实每个人都有属于自己的职场之梦,只是多少不同而已。为了让自己美梦成真,很多时候,难免会遇上吃亏的事情。吃亏,无非是自己遭遇到事情的时候谦让一下,牺牲一点,将那些看上去的"便宜"让给他人而已。但是失去的大多是物质的和暂时的。如果我们能够坦然处之,不去计较这些,在所谓的"吃亏"之后,我们不仅可以得到比失去多百倍的东西,甚至还可以让自己的事业或者名誉得到很大的提升。这些可不都是福气吗?做人要学会吃亏。

其实,职场上尔虞我诈的事情多的是,很多人为了获得自己的利益，难免做一些损人的事情。但是事实却是：越是不肯吃亏的人，越是容易吃亏，不但吃亏，而且往往还会多吃亏，吃大亏。唯有不计较吃亏的人，才是真正快乐的人，也是最受成功眷顾的人。因为吃亏，他们更容易找到真正属于自己的道路，积累更多的运气，然后站在成功的舞台上。

王申有一家属于自己的清洗设备公司，前不久，他和某市的一家酒店联系了一笔业务，该酒店想要购买一套关于地毯的清洗设备，总价值6000多元。各项手续办好之后，王申把设备通过快递寄往某市。但是该酒店收到设备之后，却称设备在运输的途中损坏了，要求退货。于是王申派人前去查看情况，但是查看后才得知，设备并不是在运送的过程中损坏的，而是在酒店组装时，由于人员操作不当才损坏的，设备的维修费大约需700元，酒店因为不想承担这笔费用，才要求退货的。王申的公司不应该担任何责任，对于这种事情完全可以置之不理。但是王申表示，"吃点小亏"并没有什么大不了的，于是他承担了所有的维修费，并让人把设备修好，让客户满意。结果，没过几个月，该酒店要更新其他清洗设备，首先想到的就是甘愿"吃亏"的王申，于是一次性直接定了7万多元的货。而王申手下的员工则对自己的老板深深信服。

吃亏，虽然意味着舍弃与牺牲，但也不失为一种胸怀、一种品质、一种风度。况且，一个人如若不择手段地得到钱财，追名逐利，即使他成功了，也必将失去自己的尊严。一个贪心的人，总是费尽心思去算计别人，在其热情、仗义与关切的伪装背后，更多的则是肆无忌惮地对别人的进攻和伤害。不怕吃亏的人，总是把别人往好处想，在其天真、迂腐和软弱的背后，是一个旷达、宽容的不设防的世界，他拥有一颗最诚实的心灵。不怕吃亏的人，才会在一种平和自由的心境中感受到人生的幸福，工作的乐趣。

世界上没有白占的便宜，爱占便宜的人迟早都要付出代价。有的人见好处就捞，遇便宜就占，即使是蝇头小利，见到之后也是眼红手痒地将其揣进自己的兜里。这种人每占一分便宜，便失一分人格；每捞一分好处，便掉一分尊严。从某种意义上说，吃亏是一种境界，是一种自律和大度，是一种人格上的升华。在物质利益上不是锱铢必较而是宽宏大量，在名誉地位面前不是先声夺人而是先人后己，在人际交往中不是唯我独尊而是尊重他人，抬举他人。如此这般以吃亏为荣为乐，势必会赢得人们的尊重和抬举。

任何一个有作为的人，都是在不断吃亏中积累运气，然后成熟和成长起来的，从而变得更加聪慧和睿智。

她毕业后就来到了一家美容院当收银员，任何人都不看好她的这份工作，但是她坚持要在那里上班。她是一个胆小而文静的女孩，不仅要面对顾客各式各样的刁难，还要接受院内美容师们的欺压。不仅仅因为她是新人，还因为她是财务人员，业务和财务一直都是对立的两方，因为她还有监督业务的责任。

一直以来，她都没有什么抱怨，有时候因为美容师的不负责，她时常被顾客指着鼻子骂，她始终相信吃亏就是福。在顾客责骂的时候，她始终带着微笑向她们解释原因；在美容师们耍小性子不愿接待客人的时候，她不厌其烦地劝说美容师；甚至，她可以为了消除顾客的怒火，坐在椅子上听顾客骂好几个小时后，还微笑着端上一杯水，喊上一声"阿姨（大姐）喝水"……慢慢地，美容师们开始喜欢和她聊天；顾客们也逐渐会给她带一些小吃，或者在做完美容的时候，和她坐在前台聊上一会，越来越多的人开始喜欢上这个文静的女孩子，她的工作也越来越轻松。

而她，在众人都认可了她的时候，却忽然离开了。因为，她已经知道了"吃亏是福"的意思，也在吃亏中学到了很多，于是她决定去找一份更适合自己的工作。在后来的新工作中，她还是秉持"吃亏是福"的宗旨，很受老板的器重。

　　故事中，她所经历的种种，看上去是吃了很大的亏，但是在这些亏后面何尝不是幸运呢？她用自己的行为，先是赢得了顾客和美容师的喜欢，让自己的工作逐渐变得轻松；跳槽之后，又获得老板的喜欢，当然加薪升职也就很容易了。其实，职场上的成功者，谁又没有吃过几次亏呢？

　　在职场中，吃亏就是给自己积福，也是为自己积累运气。或许在当时，会觉得很委屈，很难过，但是当面对赞许的鲜花和热烈的掌声的时候，你的委屈和难过却是那么地微小。工作中，常常会出现一种付出得多，回报得少的现象，如果你遇到了，那么先不要着急抱怨，静下心来聆听自己心灵的声音，让自己的运气在吃亏的过程中不断积累，最后将这些"亏"吐出来，让它们成为实现梦想和目标的动力吧！

心语心愿

　　没有人愿意吃亏，但是在困难和无奈之中，面对小人的陷害，我们只能打掉牙齿往肚里咽，因为我们知道，这次我们是吃亏了，但是亏吃进肚子里之后就会变成一种福气，一种运气。而这种运气就是我们抓住成功的机会的动力，就是我们玩转职场的武器。

4. 用心灵谱曲，让幽默化解所有的尴尬

　　用心灵谱曲，让幽默化解所有的尴尬。一个不懂得幽默的人，比不会呼吸更可怕。这不是刻意地夸大，如果人的一生都活在一本正经之

中，那么在职场中，他就会活得很累，并且会被压力打垮。

　　职场中的打打杀杀何其残忍，许多人都迫不及待地想为自己的对手穿上"小鞋"，想让他们成为众人嘲笑的对象。当我们面对一些防不胜防的尴尬局面的时候，就要学着利用自己的幽默感帮自己挽回局面；即使是在遭遇挫折，难以忍受的时候，也不要忘记了用幽默的人生态度去告诉自己生命中还是有很多快乐存在于自己的世界。列宁说："幽默是一种优美的、健康的品质。"正因如此，所以有人把幽默看做是一个人成熟的表现。我们今天的生活充满竞争和紧张，但是不妨在辛苦劳作的同时，让幽默充当精神上的"按摩师"，让我们的心灵放松一下。那样的话，生活将更富于乐趣，工作也不再是一件难以承受的苦差。

　　幽默感是智慧和感情的结晶，是一种高雅而可贵的情趣。一个具有幽默感的人，他往往是一个乐观主义者，他为人处世都比较灵活，也容易和周围的人打成一片，包括上司和下属，能够和他们建立起良好的人际关系。

　　幽默又是一种处世态度，一种面对一切事情的平和心态。幽默可以化解两个人之间的纷争，也可以解除一个人的尴尬。在事业上，幽默可以帮助我们与他人形成良好、融洽的人际氛围，而良好的人际关系又是事业成功的关键。

　　当一个人处境困难或陷于尴尬境地的时候，可以用幽默来化险为夷，渡过难关；或者通过幽默间接地表达出自己的潜在意图，在无伤大雅的情形中，表达意念，将问题处理掉。

　　德国著名的霍夫曼将军有一次到慕尼黑去视察军队，慕尼黑的军官俱乐部当晚举行宴会，欢迎他的到来。在大家举杯喝完酒后，一个中士服务员来给将军斟酒，由于紧张和激动，中士居然一下子把酒洒到了将军的秃头上去了。当时，在场的军官和士兵都十分紧张，他们不知道将军将如何大发雷霆来惩罚那个可怜的中士。中士也吓得面无血色，汗水不自觉地从脸上流下，留下一道道亮眼的水痕。这时，只见霍夫曼将军拿出口袋里的手帕，擦了擦自己的脑袋，笑着说："小伙子，我这脑袋已经秃了20年了，你这个方法我也用过的，谢谢你。可还是得告诉你，根本不管用！"就在大家一阵哄笑声中，那个中士也终于恢复了平静，他感激地向将军敬了个礼，然后流着眼泪退了下去。这时，大厅里响起了一片热烈的掌声……

如果不是霍夫曼将军善用幽默，不知道那个可怜的中士会陷入一种怎样的尴尬和自责中，而将军一句宽宏大量的玩笑话，更是赢得了全体将士们的尊重！当人遭遇尴尬的时候，难免会心情不愉快，甚至感到痛苦焦虑。但是生气或者大发雷霆解决不了问题，只会显示出你的心胸狭窄或者度量狭小。那么必要的时候要学会用幽默的方式自我开脱，解决掉那些尴尬，同时让自己获得他人的尊重。

幽默一直被人们称为只有聪明人才能驾驭的语言艺术，也是职场生存的一种手段。我们常常会因为一些小事或者过失让自己陷入尴尬的境地：老板由于词不达意在员工面前失了威严；员工由于紧张难免在第一次见上司的时候出现意想不到的囧样；或者在竞争对手面前失了脸面……总是会有很多的情况让你觉得窘迫不安，这时候就需要幽默来大显身手了。词不达意没什么，只因为中国的词语意思太多；初见上司，紧张在所难免，不紧张的话，那上司就是自己了；脸面算什么？要想战胜对手，就要知己知彼，对手的强悍只证明自己并不差……在遭遇窘迫的时候，幽默可以是一种解除尴尬的工具，嬉笑怒骂中见高低，只有懂得运用幽默的人，才是真正的聪明人。

作为职场人，要是没有幽默作为人际交往的润滑剂，那么他必不会成为一个优秀的职场人。而幽默，有时候可以让一个人得到更好的发展机会。

张明上班第一天，他刚上电梯，就听到一个人大老远在喊"等等"，于是张明好心地等那个人上电梯之后，才按下了电钮。只见这个人嘴里叼着一个面包，手中拿着公文包，头发乱糟糟的，并且一只袜子在裤兜里探出了半边头。他们要去的都是19楼，在坐电梯的这段时间里，那人已经将面包吃完，兜里的袜子穿在脚上，头发弄得整整齐齐，和刚进电梯的时候迥然不同。这人在走出电梯的时候，朝张明笑笑，然后走进了一家公司。而张明抬头看时，却发现他走进的公司，正是自己要上班的那家。想起自己将成为电梯里那个人的同事，忽然有点开心。

但是不久之后，张明就发现了，那个电梯里的人不仅和他是同事，还是他的直接顶头上司。那人初见张明的时候也是一怔，他没有想到，自己曾经会以那般尴尬的姿态出现在下属的面前，所以笑起来有些讪讪的不自然。张明注意到了上司的不自然，于是决定化解这种尴尬。因为他知道，要是这种尴尬一直存在，一定会影响到自己的发展的。

于是，他观察了好几天，知道了上司上班的时间，然后他在一天的早上，故意将自己弄得很邋遢，然后如期遇上了上司。在电梯中，张明一边整理着自己的衣服一边说："早上起晚了，什么来不及收拾，就往公司赶。我收拾自己的速度并不比你的差吧！哈哈！"上司愣了愣，忽然笑起来了，然后两个人就你一言我一语聊起来了。原来那天上司也是起晚，才会被张明看到窘样的。

后来，张明和上司成了朋友，张明自然受到上司的特别照顾，很快就加薪了。

没有人愿意将自己糟糕的一面呈现在他人面前，特别是职场中。不管是上司还是员工，都不愿意他人看到自己的窘相。如果我们有一天真的看到了他人出丑或者自己出丑被人看到，先不要急着笑或者生气，不妨以幽默的语言将这场尴尬化解，或许会有意想不到的收获，就好像是故事中的张明一般。

处在职场之中，这样那样的情况总是会出现，为了自己面对尴尬或者困境的时候出洋相，那么可以学学幽默的艺术，用幽默去化解面临的挫折。只要你以幽默作为自己处理事情的有效武器，那么即使你的职场上困难丛生，相信你也能够很安全地穿越它。无论职场的竞争多么激烈，你也可以用心灵为自己谱一首胜利的曲，用幽默迎来你特有的成功。

心语心愿

让幽默来化解一场纷争，用幽默的态度处世，让一个人在幽默中看到自己的无知。这是一种做人的哲学，也是一种在竞争中取胜的手段，在职场中，让幽默成为我们获胜的一种武器吧！

5. 别让心灵变得麻木，随机应变可以让工作更轻松

所有的人都想在自己的工作中大显身手，登上成功的末班车。但是要想得到成功，并不是一件容易的事情。那么作为职场之人，你应该如何获得成功呢？那就先不让自己的心灵变得麻木，工作也要讲究诀窍，良好的应变能力是人们把握时代脉搏、跟上时代潮流的关键。

随着社会竞争的逐渐加剧，人们所面临的变化和压力与日俱增，每个人随时都可能面临择业、下岗等方面的困扰。面对出现在职场中的这一系列困难，我们应该怎么办呢？是放任自流，让自己越陷越深，还是努力奋斗，想办法让自己脱离困境？对于一个永不放弃梦想的人来说，

努力提高自己的应变能力，对保持健康的心理状况，以及获得成功是很有帮助的。

良好的应变能力，能够让你获得一份更加满意的工作，能够让你在工作上表现得更加完美，也可以促进你事业的成功，让你在人际关系中应对得体，当然有时候还可以适当地化解面临的种种尴尬。

不同的行业，对于一个人的应变能力的要求是不同的，所以如何选择适合自己应变能力的职业也是一件很重要的事情。人在选择职业和进行人生的其他选择时，除了考虑客观条件和个人的兴趣之外，还应做到"知己知彼"，考虑一下自己的应变能力是否适合这样的选择，能否承担你所选择的工作。一般来讲，应变能力高的人可以选择需要灵活反应的工作，如运动员、推销员、调度员等。这些工作需要人们在外界环境或条件有较大变化时，具有良好的调节能力。相反，应变能力低的人可以选择一些要求持久、细致的工作，如气象、财会、精密仪器等。在这些工作中，外界环境或条件的变化不是很大，对人们应变能力的要求也相对低些。

一个具有良好应变能力的人，在适合自己的岗位，他获得的成就一般都要比那些应变能力一般的人大很多。并且良好的应变能力，使工作不再是一件充满压力的苦差，相反的能够在职场的舞台上发挥得更好。

小涛应聘一家公司的业务员，一路过关斩将杀进最后一轮，得到了老总亲自面试的机会。和小涛一起来的，还有两个应聘者。一个是有着丰富经验的中年人，一个是重点大学毕业的高材生。老总直接出题，让应聘者把他当成一个大街上遇到的陌生人，要用最小的代价和最短的时间让他记住本公司。

高才生第一个上场。他面带微笑走向老总："先生，您好！看您的气质，一定是位大老板，我想向您介绍一下我们公司的新产品……"老总摇摇头，打断了他："你这种职业笑容现在太泛滥，人们已经有了审美疲劳，当他们发现你微笑只是为了推销产品时，更会产生反感。"

高材生悻悻下台，中年男子上场了，他掏出一支烟递给老总："朋友，这次世界杯你最看好哪个球队？"老总再次摇头："不好意思，我不抽烟，也不关心足球。我知道，你是想用这种方式和我拉近距离，但是如今人们的戒备心理都很强，对陌生人的搭讪十分警惕，不会轻易搭理你的。"

前两个应聘者都碰了钉子，轮到小涛了，他沉思片刻，抬起头，大步走到老总面前，说："如果你丢了一块钱，心里会不会非常难受？"老总笑了："我还不至于为一块钱难受吧？"

小涛又说："那现在有个机会，只要你付出一块钱就可以帮助一个人，你愿意吗？"老总显得莫名其妙："一块钱，好像什么也买不到吧？"小涛一笑："不，能买到诚信。"看着老总迷惑的神情，小涛解释道："我和人家约好见面，但因为忘带钱包，没法坐公交车，眼看就要迟到了。如果您借我一块钱，我就能做个守信的人，准时赴约了。"

老总哈哈大笑："你这人真有意思，借一块钱还绕这么大弯子，我给。"小涛接过钱，又说："谢谢！您给我的不只是一块钱，还有信任和爱心。所以我必须感激您。"说着，拿出一张名片递过去："如果您或您的朋友需要我们公司的产品，可以打电话给我，我保证给您最优惠的价格。"老总赞赏地竖起了大拇指："人们总是会记住那些向自己借过钱的人，哪怕只是一块钱，他们会拿着你的名片向朋友们介绍这次有意思的经历。你是怎么想到这个方法的？"

小涛有些不好意思地说："不瞒您说，今天早上我就因为忘带钱包，不得不向路人借钱坐车，才赶上了这场面试。我从中受到启发，如果不能吸引别人的注意，就没有和对方交流的机会；如果不能取得对方的信任，哪怕是一块钱，对方也不会给。做业务员，其实也是一样。"面试结果，小涛毫无争议地胜出。

小涛能够将自己在生活中的经历运用到应聘当中，就已经证明他是一个应变能力很强的人。同时他选择的工作是业务员，可见他对自己的应变能力还是有一定信心的。其实，应变能力是可以通过实践来逐步提高的，我们可以多参加富有挑战性的活动，在实践中，去解决问题和克服困难的过程，就是增强人的应变能力的过程。扩大个人的交往范围，在一些相对较小的范围内，首先学会应对各种各样的人，才能推而广之，应付各种复杂环境中的问题。加强自身的修养，应变能力高的人往往能够在复杂的环境中沉着应战，而不是紧张和莽撞从事。注意改变不良的习惯和惰性，主动地锻炼自己分析问题的能力。只要下决心锻炼，人的应变能力是会不断增强的。

只要你有信心，那么你就不会在激烈的竞争中被淘汰，而属于你的成功也会在不远处向你招手。良好的应变能力，能够减轻你工作中的压力，让你的心灵不再麻木，甚至关键的时候还可以改变你的一生。

心语心愿

在职场的课堂上往往会出现一些让人出乎意料的情况，有时候甚者会遭受到失败。不仅使自己的工作陷入困境，而且让自己离成功越来越远。那么要处理好这样常见的突发情况，较强的应变能力是必不可少的。

6. 让心灵开路，自信是成功的必需因素

自信可以给人带来好运，一个自信的人，在面对困难和挫折的时候能够做到泰然自若。自信可以让一个人充满斗志，让他敢于面对命运给

予的一切磨难。让心灵开路，在自信的引领下登上成功的顶峰。

　　要想在事业上取得成绩，自信是必不可少的因素，自信可以让一个人获得成功，为他带来荣耀，赢得掌声。自信能够使一个人看上去很有精神，他的自信来自于对自己能力的相信，也来自于对自己正确的认识。自信是一个成功者必不可少的品质，自信可以让一个人赢得他人的青睐，能够让他的事业更进一步。

　　有一位女歌手，因为是第一次登台演出，她内心十分紧张。想到自己马上就要上场，面对上千名观众，她的手心都在冒汗："要是在舞台上一紧张，忘了歌词怎么办？"越想她的心就跳得越快，甚至产生了打退堂鼓的念头。

　　就在这时，一位前辈笑着走了过来，随手将一个纸卷塞到她的手里，轻声说道："这里面写着你要唱的歌词，如果你在台上忘了词，就打开来看。"她握着这张纸条，就好像握着一根救命稻草，匆匆上了台。也许是那个卷握在手心里的纸卷，使她的心里踏实了许多。她在台上发挥得相当好，完全没有失常。

　　她高兴地走下舞台，向那位前辈致谢。前辈却笑着说："是你自己战胜了自己，找回了自信。其实，我给你的，是一张白纸，上面根本没有写什么歌词！"她展开手心里的纸卷，果然上面什么也没写。她感到惊讶，自己凭着握住一张白纸，竟顺利地渡过了难关，获得了演出的成功。

　　"你握住的这张白纸的时候，它就不再是一张白纸了，而是你的自信啊！"前辈告诉她原因。歌手拜谢了前辈。在以后的人生路上，她就是凭着握住自信，战胜了一个又一个困难，然后取得了一次又一次成功。

从这个故事我们可以看出，自信对于一个人的事业的影响是很大的。自信是一种力量，无论你身处顺境，还是逆境，都应该以微笑，平静地面对自己的人生。只要拥有了自信，生活便有了希望。"天生我材必有用"，哪怕命运之神一次次把你捉弄，但是只要拥有自信，就拥有一颗自强不息、积极向上的心，成功迟早会属于你的。

只要你拥有自信，就等于拥有了80%的成功，那么我们应该怎样做，才能让自己成为一个自信的人呢？这是很重要的，可以借助以下的方法：

（1）挑临近上司的位置坐

你是否注意过，无论是在教学或教室的各种聚会中，后排的座位是怎么先被坐满的吗？大部分占据后排座的人，都希望自己不会"太显眼"，而他们怕受人注目的原因就是缺乏自信。主动坐在前面可以建立自信，步上职场之后，开会的时候主动坐在离领导比较近的位子，是一种自信的表现，因为相信自己的能力，所以也就不惧怕领导提出的各种问题。

（2）在与人交往中练习正视别人

一个人的眼神可以透露出许多关于他的信息。当一个人不敢正视你的时候，往往给人的感觉就是他想要掩饰一些什么，他掩饰的一些东西是不是和我有关，对我不利啊？不敢正视别人通常意味着：在你旁边我感到很自卑；我感到不如你；我怕你。正视别人等于告诉你：我很诚实，而且所做所想的一切都是光明正大的，我相信我告诉你的话是真的，对于我所做的一切，我毫不心虚。

（3）在会议中不做"闷罐子"

在会议中沉默寡言的人都认为：我的意见可能没有价值，如果说出来，别人可能会觉得很愚蠢，所以我最好什么也不说。而且，其他人可能都比我懂得多，我并不想让他们知道我是这么无知。这些人常常会对自己许下很渺茫的诺言:"等下一次再发言。"可是他们心里很清楚自己是无法实现这个诺言的。每次这些沉默寡言的人不发言时,他的自信就又少了一分,他会愈来愈丧失自信。不论是参加什么性质的会议,每次都主动发言,也许是评论,也许是建议或提问题,都不要有例外。而且,不要最后才发言;要做破冰船,第一个打破沉默。不要担心你是否会显得很愚蠢。你要相信总会有人同意你的见解,赞成你的说法的。所以不要再做会议上的"闷罐子",努力让领导注意到你的存在才最重要。

(4) 怯场的时候,说出自己心里的真实感受

我们初次到一个陌生的地方,内心难免会疑惧万分,这时候,不妨将这种不安的情绪,清楚地用语言表达出来:"我几乎愣住了,我的心忐忑地跳个不停,甚至两眼发黑,舌尖凝固,喉咙干渴得不能说话。"这样一来,不但可将内心的紧张驱除殆尽,而且也能使心情得到意外的平静。那么放松之后,事情也就变得可以控制,自信也就来了。

(5) 用肯定的语气,可以消除自卑感

有些女人在面对着镜子的时候,当她看到自己面孔和肤色后,就会忍不住产生某种幸福的感受。相反地,有些女人却被自卑感所困扰。虽然彼此的肤色都很黝黑,但自信的女人会以为:"我的皮肤呈健康的小麦色,几乎可以跟黑发相媲美。"而她内心一定是暗喜不已。可是,一个缺乏自信的女人却会因此而痛苦不堪:"怎么搞的,我的肤色这么黑,怎么见人啊?"两种人的心情完全不同。由此可见,价值判断的标准是非常主观而又含糊的,只要认为漂亮,看起来就会觉得很漂亮;如果认为讨厌,怎么看都会觉得不顺眼。可见,一个人是自信还是自卑,也常常会受到语言的影响。所以说,多说一些肯定语气的语言,有助于提高一个人的自信。

一个人成功的程度往往取决于他自信的程度。拿破仑曾经说过："我成功是因为我志在成功。"如果没有这种毅然的决心和坚定的信心，相信成功也会与他无缘。关于信心的威力，实际上并没有什么神奇或神秘可言。主要在于你内心的想法，只要你坚信，你就可以得到自己想要的。

很多刚刚步入职场的人，都有一种眼高手低的毛病，他们一方面希望自己能够登上最高的阶层，享受安逸的生活；但同时又对自己缺乏足够的信心，因而只能停留在一般人的水平。还有一些人，做梦都想做一个经理，但是他们从来不敢向这个位置挑战，就连应聘的勇气都没有，试问他们又如何能够做到经理的位置？事实上，成功与失败最大的分别，往往就在于面对一项工作你有没有信心去干。没有信心，成功永远都与你无缘。

心语心愿

一个自信的人，他愿意相信自己的能力，相信自己就是一个可以创造奇迹的人。在他们的内心深处，他们以自己为傲。所以，能够在职场上获得成功的人，往往是那些自信的人；而能够让自己的生活没有压力的人，往往是那些自信的成功者。

7. 和心灵共鸣，用自尊增加你夺取成功的筹码

"人不如己，尊重别人；己不如人，尊重自己。"无论身居何处，身处何位，尊重别人与自我尊重一样重要。一个人只有懂得尊重别人，才能赢得别人真正的尊重。和心灵共鸣，让自尊增加你在职场中夺取成功桂冠的筹码。

自尊心是一个职场成功者必不可少的。自尊心是自我意识中最敏感的一个部分，一个人有了自尊心，就能够做到力争上游，不达目的誓不罢休。自尊可以让一个人为自己的梦想努力不懈，自尊也可以让一个失意的人找到坚强的理由。在职场中，我们可以接受他人的嘲笑，他人给予的失败，但是却不可以放下自尊换取怜悯和施舍。职场如战场，没有自尊的人，在战场上会被杀；而一个连自尊都没有的人，在竞争激烈的职场中，不仅会失去自我，甚至连问鼎成功的权利也会失去。

一个懂得自我尊重的人，他不需要别人的怜悯，他需要的是一份建立在平等基础上的理解和信任。即使他今天是扫大街的清洁工，他也并不会因此而感到自卑；当然在他站在成功舞台上的时候，他也不会鄙视那些穷苦的人。因为在他的意识里，人们并没有贵贱贫富之分，他们都拥有同样的人格，只有尊重自己的人，才能得到别人的尊重，才能在自己的事业上获得成功。

自尊是人类生命的心理根源，它可以保持一个人生命的健康发展和完满。当我们身在职场的时候，由于工作的需要，总是会对人们提出这样那样的要求，但是不管这些要求有多么苛刻或者难以接受，我们始终都要记住，任何时候都不要放弃自尊，否则你就失去了作为人类的最基本的权利，一个没有自尊的人，别人只会将他踩在脚底下践踏。

自尊可以使人更好地适应各种环境，能够鞭策人们去追求并实现自己的梦想，一个懂得维护自己尊严的人，他永远都是最耀眼、最优秀的那个人。

在一个寒冷的冬天，美国加州沃而逊小镇来了一群逃难的流亡者，好心人因为看着他们可怜，于是就给这些流亡者送去饮食。饥饿让他们得到食物后个个狼吞虎咽，甚至连一句感谢的话都来不及说，只有一个年轻人除外。当镇长杰克逊大叔把食物送到他的面前时，这个骨瘦如柴、饥肠辘辘的逃难者问："吃你这么多东西，您有什么活让我干吗？"杰克逊说："不，我没什么活需要你来做。"这个年轻人的目光立刻暗淡下来，说："那我不能没有经过劳动便白吃您的东西！"杰克逊想了想说："我想起来了，我家确实有一些活需要你帮忙。不过，要等你吃过饭后，我才给你派活。""不，等做完了您的活，我再吃这些东西！"杰克逊只好说道："那么，年轻的小伙子，你愿意为我捶背吗？"于是这个年轻人弯下腰，十分认真地给杰克逊捶背。

后来，这个年轻人就留下来在杰克逊的庄园里干活，并成为一把好手。两年以后，杰克逊又把女儿玛格珍妮许配给他，且对女儿说："别看他现在一无所有，可他100%是个富翁，因为他有属于自己的尊严。"果然不出所料，20年后，这个年轻人真成了亿万富翁，他就是美国赫赫有名的石油大王哈默。

自尊是对自己的一种肯定和认同，就是要告诉自己"我能行"。自尊就是要学会发现自己，完善自己。保持一颗平常心，正视自己的成绩，发现自己的不足，能让我们取得更大的进步。那么作为一个职场人，应该如何维护自己的自尊呢？

方法一：把自己的自尊心要求写下来

将心比心，没有人愿意让别人将自己的自尊踩在脚下。最合适的方法就是在办公室中，把自己对自尊心的要求写下来，而且越具体越好。比如：可以让我在公司里发表自己的意见，不管正确与否；如果我错了，可以在一个相对私密的空间里被老板训话；任何人可以和我讨论错误的原因，但不是指责我的过错……因为自己有这样的要求，那么在对待下属或者同事的时候，或许就会考虑到对方的情绪和要求，以至于不会伤害到对方脆弱的感情。

方法二：会把自尊心当做"面子"来维护

自尊心的问题说白了也就是"面子"问题,"人活一张脸,树活一张皮",没有人愿意被老板随意当成某人的垫背,也没有愿意被同事经常恶搞,更没有人愿意在办公室成为八卦新闻的主角,因为所有的这一切都会影响他在办公室的地位和声誉,也就是有可能"脸面丧尽"。所以要想维护住自己的尊严,就是把对他人的尊重问题看做一种给足"面子"的表现上,这样至少不会让人有"脸上挂不住"的感觉,当然那个人也会给你一定的"面子"。

方法三:自尊心受到伤害的时候,要积极补救

无论我们是有意还是无意中伤害了别人的自尊心,首先要想到补救的良策。因为行动上的积极补救,说明我们有挽救自己过错的那种意识,听之任之绝对是不负责任的方法。例如在一个众人齐聚的场合,一不留神将某位同事批驳得一无是处,虽然说的都是事实,但是并不适合在众人面前不给他面子。在事后就应该连忙向他道歉,并且对自己的莽撞和口无遮拦作深刻的检讨,这样才不至于让同事对自己产生很深的仇恨。因为没有一个人会对一个主动道歉的人有过多的苛刻。

方法四:用"不"为自尊心建个小房子

因为了解了自己对自尊心的保护要求,所以在和他人相处的过程当中,尽可能地为他人的自尊心建一个小房子,借助这个小房子,使其与伤害隔开一段距离。这个小房子由无数的"不"组成,比如不要践踏尊严,不要侵犯隐私,不要公然对峙,不要限制自由,不要主动揭短,不要藐视存在……有了这许多的不作为,那么人际圈中的自尊心自然就得到了保护,也因此理顺了工作中的各种关系。

方法五:用"自尊心"调动积极性

别以为保护自尊心仅仅是为了和谐关系的考虑,更多的时候自尊心问题处理好了还能带来意想不到的积极性。在不伤害同事自尊心的前提下,可以帮助他们解决工作中遇到的各种难题,帮助他们在能力提高的同时，获得自信。这样不仅可以促进同事之间的和谐相处，也可以让自己的团队更加壮大。

无论在什么时候，首先做一个尊重自己的人要比其他的任何东西都好使。没有人会去尊重一个不自重的人，也没有老板喜欢聘用一个不自重的员工。要想在你的职场上获得成功，要想自己在职场中的生活没有负担，那么就让心灵作为指导老师，学会自我尊重，只有懂得自我尊重的人，才能更好地规划自己的未来。

心语心愿

自我尊重是对自己能力的一种肯定，是一种良好的生活态度。只要你懂得自我尊重，那么在职场中，那些摆在眼前的困难就会变得微不足道，而你心灵就不会因此负重，"职来职往"中你就会是那个夺到成功桂冠的大赢家。

8. 放飞你的心灵，诚信是成功的密钥

放飞你的心灵，诚信是成功的密钥。诚信是职场人际关系中最为重要的一样东西。如果一个人讲信用、重诺言，就是一种待人真诚的表现，他会因此而获得别人的信赖，同时能够促进他事业的成功。

有句老话说："轻诺者必寡信。"这就提醒我们身在职场的每一个人，遇事一定要三思而后行，切不可轻易地许下诺言，即便你完全有能力做到也应该慎重地作出承诺，因为这关系到你的信誉，而信誉是我们每一个人最大的资产！它可以使你从无到有，拥有更多的资产。也可以让你从有至无，变得身无分文。

"人无信不立","信用"这两个字对于一个人而言是何等的重要!可见,承诺是一件非常严肃且重要的事情。身在职场,我们一定要重视自己对别人许下的诺言,无论是大事还是小事,我们都应该一诺千金,说过的就一定要做到。如果做不到就不要去说,不要轻易就许下任何的诺言,许诺前一定要三思而后行,对于自己根本就没有能力做或不打算做、不应该做的事情,决不能去轻易承诺。因为轻诺寡信的行为只要做一次,就可能对自己的信用造成长期的难以弥补的损害。

守信虽说对于我们在职场中的人际交往起着关键性的作用,但是要想获得别人的信任,使自己拥有诚实守信的形象却并不是一件容易的事情。这其中,最为重要的一条就是:承诺前请三思,千方不要答应你无法兑现的事情。

诚信不管是对一个替别人打工的职员来说,还是对一个已经成功了的人来说,都无疑是一把成功的密钥,只要你拥有了这把钥匙,就可以升官晋职,获得更多的财富。一个诚信的人,或许他并没有多大的智慧,却因为守信而得到很多人凭着聪明才智,千万百计也得不到的东西。

一个顾客走进一家汽车维修店,自称是某运输公司的汽车司机。"在我的账单上多写点零件,我回公司报销后,有你一份好处。"他对店主说。但是店主拒绝了他这样的要求。顾客纠缠说:"我的生意不算小,我会时常光顾你的店铺的,只要和我合作,你肯定能赚很多钱!"店主告诉他,自己无论如何也不会做这事。顾客气急败坏地嚷道:"谁都会这么干的,我看你真是太傻了。"店主一听火了,他要那个顾客马上离开,到别处谈这种生意去。这时顾客露出微笑并满怀敬佩地握住店主的手说:"我就是那家运输公司的老板,我一直在寻找一个固定的、信得过的维修店,你还让我到哪里去谈这笔生意呢?"

面对诱惑，不怦然心动，不为其所惑，虽平淡如行云，质朴如流水，却让人领略到一种山高海深。这是一种闪光的品格——诚信。汽车维修店的老板以自己的诚信获得了合作伙伴，他放弃到手的诱惑，却得到了更大的收获。信誉是我们每一个人的品牌，也是我们个人的无形资产，良好的信誉可以给我们的生活和事业带来意想不到的好处。

古语说："一言既出，驷马难追。"讲的就是一个诚信。如若我们轻诺寡信，必将会落得一个可悲的下场。没有人会再相信你，你将失去成功的资本！只要我们能够在职场中低调一些，不把问题复杂化，凡事先做了然后再说，我们的行动就会容易一些。身在职场，一定要三思而后行，不要在事情还没有做的时候，就夸夸其谈，把大话说出去了却做不到，否则会使我们失去最大的资产——信誉，那还何谈成功？并且诚信还是获得快乐，在竞争中取胜的基本因素。

他算得上是一个成功的人吧！他有父亲留下的大公司，娶了父母打小就为他订下的妻子，在父母死后，继承了产业的他也有了一定的地位名声。但是，这一切都不长久，因为他是一个不讲信誉的人，所以他在很短的时间内就失去了自己曾经拥有的一切。

失去这一切的起因很简单，仅仅是因为他喜欢贪小便宜：他曾经为了省仅仅几万元，而将原本要送一家大公司的货给了一家不起眼的小公司，结果失去了信誉，之前一直和它合作的几家大企业也都相继撤销和他的合作关系。他在生意圈内的地位没有了。他答应妻子会一直对她好，但是由于禁不住诱惑找了别的女人，妻子知道后，和他离了婚。背弃誓言，让他失去了家庭。由于他不讲信义，所以手底下的员工对他也不是那么忠诚。终于有一天，公司的股东和财务主任联手，将他的公司掏空，然后走了。他变得一无所有，他一个人坐在空荡荡的办公室里，然后放火焚烧了一切。

直到火烧到他身上的时候，他才明白，自己的厄运就是在他为了几万元将本该送往大公司的货送给小公司之后开始的。原来，自己走到今天这一步，完全是因为不讲信誉。在大火中，他放声大哭……

如果一个人失去诚信，那么他所拥有的一切快乐、地位还有别的一切都不会长久，因为诚信是一个人的立身之本，也是他在职场中站稳脚跟，获得自己领地的主导因素。如果一个人失去了诚信，那么他就等于失去了问鼎成功的权利，无论是生活中还是工作中，他都是一个失败者，最终会在各种压力的打击下，变得一蹶不振。而自己的心灵也会在这种压力下变形，成为黑暗和虚假的阶下囚。

放飞我们的心灵，诚信是我们在职场获得成功的密钥。身在职场，只有在诚信的护航下，我们才能够到达成功的彼岸。做一个诚信的人，做一个职场的真正大赢家，只要你愿意放下心灵的负担，你就可以得到自己想要的一切。

心语心愿

虽然诚信是无形的，看不见摸不着，似乎是微不足道的，但它却是一种巨大的生产力，是获得成功的动力，可以使你从无到有，收获丰硕的果实。因此，我们要高度重视诚信，切不可轻诺寡信。身在职场，我们应该言必信、行必果！

篇三 亲友篇

- 第五章 为心灵谱曲
    ——让隔代的硝烟熄火
- 第六章 让心灵歌唱
    ——友情并不是一句空话

第五章　为心灵谱曲
——让隔代的硝烟熄火

亲情永远是一个说不完道不尽的话题，不管什么人，他都有属于自己的父母子女，而那种血浓于水的爱更是一种千百年来都流淌不息的感动。父母的每一声唠叨、每一句叮嘱，儿女的每一次感动、每一丝想念，都将亲情演绎得如此完美。最亲的人是生养我们的父母，他们的爱伟大、无私；最难以报答的恩情，是父母的爱，他们的爱沉重如山，旷大若海；而他们给予我们一生的恩情是别人难以比拟的。

用心灵谱曲，学会倾听父母的唠叨，用爱和理解去化解一切的误会和伤害，用亲情温暖我们的人生。让父母的爱变作最亮的星光，驱散冷漠留在我们心头的阴霾，在耐心和爱心的保护下，让我们学会感恩，感谢父母给予我们的关爱，感谢他们生养我们的恩情。在人生的道路上，让亲情成为一盏温暖明亮的灯，驱散我们前进道路上的一切黑暗，为我们照亮一个美好的明天。

1. 因为有心所以在意，学会倾听父母的唠叨

有时候父母的唠叨确实让我们觉得很烦，本来自己的烦心事就很多了，需要的是父母的支持和理解。但是只要我们留心去听，其实父母的每一句唠叨都是为了我们好。不管我们多么不快乐，都要试着去聆听父母的唠叨。

生活中总有人需要我们来倾听他们的心声。倾听父母的唠叨，我们就可以了解"慈母手中线，游子身上衣，临行密密缝，意恐迟迟归"的挚爱；倾听亲人的问候，我们就可以体会"但愿人长久，千里共婵娟"的祝福；倾听朋友的心声，我们可以感受"海内存知己，天涯若比邻"的情意；倾听身边人的故事，我们能得出"同是天涯沦落人，相逢何必曾相识"的感慨。学会倾听，只有用心在意身边的人，我们才能感受到生活的美好，感受到人生在世的可贵。

如果我们想做一个热爱生活的人，那就一定要学会倾听。用自己的心灵谱曲，让横在父母和儿女之间的那条鸿沟消失，让隔代的硝烟熄火。倾听，是生命中不可或缺的一个章节。是倾听，让我们明白了什么才是真、善、美，让我们彼此的手握得更紧、心贴得更近，让我们积累了许多难得的经验，少走了许多不必要的弯路；是倾听，让一句简单的话语，有了神奇的力量，让那些琐屑的小事，一下子变得无比地亲切起来，让那些平凡的日子，陡然增添了动人的光彩……

生活就好像是一部厚厚的长卷，需要我们心灵的关注，只要用心灵谱曲，就能够在倾听中得到自己想要的答案。

年迈的父亲和儿子一同在花园里乘凉。在树枝上，一只小鸟叽叽喳喳叫个不停。父亲问儿子："儿子，那是什么？"儿子说："那是一只麻雀。"过了一会儿，父亲又问："儿子，那是什么？"儿子以为父亲之前没有听清自己所说的话，于是就提高音量说："爸爸，那是一只麻雀。"然而，过了没一会儿，父亲又问出了同样的问题。儿子终于不耐烦了，他冲父亲吼道："你难道没听清楚吗？我说了好多遍，那是一只麻雀！"父亲没有再说话，掏出一本日记，轻声念道："今天是儿子的五岁生日，我陪他在槐树下做游戏，一只小鸟飞过来，落在树枝上叽叽地叫个不停。儿子兴奋地问我：'爸爸，那是什么？'我说那是一只麻雀。过了一会，儿子又问我，'爸爸，那是什么？'我又告诉他，那是一只麻雀。也许那只麻雀太可爱了，儿子一直看个不停，于是也就一直问个不停。

篇二 亲友篇

125

一共问了25遍,为了满足他的好奇心,于是我就回答了他25遍。"念完后,父亲缓缓抬起头,发现儿子已是泪流满面,儿子静静地走过去,轻轻抱住父亲:"爸爸,原谅我!"

其实,老人的唠叨就像是小孩子的好问一样,都是一种天性,只是很多人长大之后,忘了自己小时候也曾这样"烦扰"过父母,而父母却不厌其烦地一遍一遍满足孩子的好奇心。"唠叨"还是老人健康的一种体现。从医学角度讲,唠叨是一种思维活动,是"练脑"。老年人多说话可避免孤独寡言,常唠叨利于郁积精神的宣泄,可以延缓脑衰老,防止老年痴呆症,有益身心健康。因此,对于父母的唠叨,儿女不应嫌弃与疏远,应抱着感恩、包容之心,理智谦和之态,学会善待父母的唠叨,学会倾听父母的唠叨。

有这样一句话:"听得三分唠叨,可做一等孝子。"孝顺父母,是每个作为儿女的应尽的义务,但是仅仅提供物质的保障还远远不够,更为关键的是给予精神上的赡养。善于倾听父母的唠叨,不仅是尊重老人的一种表现,更是精神赡养的一种具体行为。

把家庭建成幸福的乐园,这是每个人都期望的。而学会倾听,则是我们把期望变成现实应该具备的素质之一。

倾听父母的唠叨絮语。父母常在儿女的面前唠叨个不停:"天气凉了,当心身体""难得找到一份合意的工作,你要好好干啊""听说你找了个对象,带来让家人看看""记得你小时候,真的很皮"……总之一切都是有关儿女的事情,他们的唠叨是一种对于儿女的关怀。是的,人老了就会显得话多,但是很多话语都是他们的经验之谈,是亲情的流露,是情感的释放,是爱的一种表达。长辈们希望有人倾听,如果我们轻易拒绝了他们,那样就会伤了老人的心。

那么面对父母的唠叨,我们应该怎么做才能既不伤他们的心,又不让自己因为这些唠叨而增加额外的负担呢?

(1) 面对父母的唠叨要冷静

很多人不喜欢一个说话絮絮叨叨的人，但是父母对于我们的唠叨，最终还是处于爱，处于我们受到伤害，便忍不住一遍又一遍地提醒我们，希望我们遇到事情的时候要小心。面对这种稍稍有点闹心的关爱，我们应该欣然接受。在他们唠叨的时候，自己一定要保持冷静，理性地面对他们所说的每一句话，要告诉自己，父母这一切都是为了我好，这样的话面对唠叨的时候就不会很烦了。

（2）做一些让父母认可的事情

这是面对唠叨最理智的方法。让父母找不到担心我们的理由，从根本上杜绝唠叨的产生。父母最大的希冀就是自己的儿女能够过得快乐，活得开心。只要证明给自己的父母看，让他们知道自己过得确实很不错，面对工作中的种种困难完全能够应付，那么就会以自己的孩子为骄傲，所以唠叨也就不会很多了。

（3）受不了的时候，可以岔开话题

都说人老了和孩子就没有什么差别了，这是一句真话。相较于絮絮叨叨的叮嘱，老人们更喜欢的是开心和热闹。当你面对父母的唠叨实在无法忍受的时候，那就用一些他们感兴趣的事情引开话题，甚至把他们当做小孩子来哄也不过分。他们操劳了一辈子，临老的时候不应该再让他们操太多的心。

学会用心去倾听我们父母的唠叨，尽管有时候可能他们说的是一些琐碎的小事情，但是我们应该对他们的爱抱感激之情。"人非草木，孰能无情"，羊羔尚且知道跪着吃奶，而作为高于一切动物的人类，我们要更懂得理解父母，关爱父母。如果爱他们，那就学会倾听她们的唠叨，在倾听中让他们感受到儿女的爱。

心语心愿

都说父母的爱是世界上最伟大最无私的，当他们渐渐老去的时候，再也干不动活的时候，他们唯一能为儿女做的就是——叮嘱，一遍又一遍地嘱咐儿女要万事小心，想知道关于儿女的一切。如果想表达对父母的爱，那就不要剥夺他们语言上的关爱，学会用心灵倾听他们的唠叨。

2. 爱之深，不一定要责之切

抖开心灵的包袱，对于儿女的教育并非是一个包袱，也不是一种负担，而是一种爱的诠释，一种对于亲情的升华。如果想让子女知道亲情的真谛，那就不要用责备去表达对他们的关爱。

父母关心子女并没有什么过错，但是"责之切"并不是"爱之深"的唯一表达方式，任何事情都是因人而异的，或许对于一些人来说，责备可以让他们成长；但是对于另一些人来说，亲人的责备无疑是将绝望中的他们推向了黑暗的深渊。

做儿女的总是希望得到父母的支持和谅解，即使别人说我如何不好，只要父母认为我是他们最好的孩子就足够了，但是很多时候，做父母的都奉行着这样一条规则"棒打出孝子，慈母多败儿"，就是因为这个在中国流传千古的教条，让许多父母和子女之间隔了一条深深的难以跨越的鸿沟，而现代人给了它一个确切的名字——代沟，因为出生和接受教育的年代不同，所以存在着难以跨越的鸿沟。

在子女看来，做父母的应该支持并相信自己的儿女，不要只因为一件小小的错误就忽略了儿女们身上的优点，更不要用他们奉为至宝的那一套已经老掉牙的教育信条来管束新世纪的人。责备已经不是爱的唯一表达方式了，所以作为父母，不能一味地责骂儿女，责骂带给他们的只是更深的屈辱和自卑，甚至会毁了他们的一生。

在很久以前，有这样的一对母子，儿子很小的时候父亲就去世了，只剩下母亲一个人将孩子带大。这个母亲她对自己的孩子十分严厉，为的是他长大之后能有一番出息。因为从小失去爸爸,妈妈又做了有钱人家的仆人,所以这个孩子从小就受到了其他孩子的嘲笑,他讨厌那些人说自己是野孩子,于是就和他们争执、打架。但是每次打完架后,母亲从来不听孩子的解释,就将他狠狠责备一番,然后让他自己反省。

久而久之,这个孩子也就不期待自己的妈妈会帮助自己,在他幼小的心灵里装满了仇恨和愤世嫉俗的念头。他很早就出去混了,因为老是遭受别人的白眼,于是他加入了一个大地方的黑帮,发誓自己再也不会忍受任何人的欺负了。

很快他就凭着自己的狠毒成为了帮会里的一个小头目,他不相信任何人,只相信实力就是王道,所以他没有任何朋友。在一次很大的帮会拼斗中,他被捕了,因为砍死了人,被判了死刑。在执行死刑的那天,他的母亲来送他,当看到儿子这般情形时,这位母亲哭了,她问儿子为什么要这样做?儿子却告诉她,自己走到今天这一步,全怨她。她从来都不听他的解释,总是将一切的过错都怪在自己身上。外人看来她是一个很严厉,值得尊敬的母亲,但是在他眼里,她从来都没有爱过自己的儿子,只会以责备来博取虚名。

母亲听了肝肠寸断,她哭着告诉儿子,她当时那样做只是因为"爱之深"所以才"责之切"啊!谁知却断送了儿子的一切。她后悔自己的自以为是,于是在儿子死后自己也服毒自杀了。

这是一个因为对孩子的教育不当而引起的惨案,试问天下哪个父母不爱自己的孩子,但是谁又真正知道自己的孩子在想什么呢?当他们用自己认可的方式教育着孩子,为孩子规划好一切的时候,他们可曾问过,这是不是孩子们想要的生活呢?确实,父母可以用自己的方式表达对子女的爱,但是有时候要讲究方式,一厢情愿的爱,有时候会变成一种伤害。

在父母责备子女的时候,不妨首先问问他们为什么会犯下这样那样的过错,听听他们自己的解释,不要让责备冷了子女的心。也不要用自以为是的爱结成一个包袱，压在子女的心上。对于子女来说，有时候赞美要远远强于责备。

著名画家达·芬奇的父亲彼特罗是一位令人称道的好爸爸，他培养孩子的信条就是：给孩子最大的自由，用赞美代替责备，让孩子发展自己的兴趣。

达·芬奇6岁的时候就上学了，他在学校里学了很多知识，但是对绘画却有超乎想象的兴趣。一天，他上课不专心听讲，反而给老师画了一幅速写。后来被老师察觉，于是喊来了彼特罗。回家后，达·芬奇心里十分害怕，他忐忑不安地等待着父亲的责骂，但是父亲不仅没有骂他，反而夸奖他速写画得很好，将那位老师描述得很像。达·芬奇笑了，他对画画的兴趣更浓了。而彼特罗决定培养儿子在这方面的才华。

正是因为父亲如此开明，达·芬奇全身心投入到自己喜爱的绘画中，甚至敢专门画画恐吓老爸。一次，他花了一个月的时间，在盾牌上画了一个两眼冒火、鼻孔生烟，看起来十分可怕的女妖头。为了把父亲吓一跳，他还关紧窗户，只让一缕光线照到女妖头的脸上。后来，父亲一进家就被盾牌上的画吓坏了，可是等达·芬奇哈哈大笑地解释完，他竟然也没有责备儿子。16岁那年，父亲把达·芬奇带到画家维罗奇奥那里学画画。在维罗奇奥的指导下，达·芬奇刻苦学习，掌握了很多绘画技巧，终于成为一代大画家。

正是因为彼特罗的赞美和鼓励，才成就了达·芬奇。这就是在赞美下产生的奇迹。小孩子因为好奇心重，难免会犯这样那样的错误，但是当父母面对这些错误的时候，不要只是将它看做一个简单的错误，而是需要冷静下来想想为什么他会犯这个错误，他犯这个错误是不是想证明或者知道什么呢？看到错误背后的东西，用解答或者赞美代替责备，那样子女在成长的过程中会更快乐一些，父母子女之间的距离会更近一些。

心语心愿

不要以爱作为借口责备自己的儿女，他们纯真好奇，有时候难免会犯错。但是父母给予子女的不应该只有责备，而更多的是理解和赞美，这样存在于父母子女之间的那条"代沟"才会越变越小，慢慢消失。而亲情就会变得很轻松，对于任何人来说都不再是一个沉重的包袱。

3. 温暖心灵的魔力，用爱解开你心中的结

再冷漠的心灵，在爱的温暖下也会慢慢融化；再大的结，用心灵去解，纵使是千头万绪，也会理顺。亲情是世界上最具威力的一种感情，是让人们能够在绝望的时候看到希望的魔力，更是让人们生活快乐轻松的最大动力。

许多人都想知道什么是爱，并且为了爱都在苦苦追求。其实，爱就在我们的身边，父母的唠叨、好友的关怀、恋人的责备，都是围绕在我们身边的爱。而最为可贵的就是亲人给予我们的爱，父母的爱可以让我们感受到无边的温暖，可以让我们在人生的路途上不再孤单。

作为儿女，和父母出现一些摩擦是很常见的事情，但是我们要知道，父母一切的出发点都是关心我们，虽然有时候他们的理论难以理解，他们的责备难以接受，他们的观点毫无由头，但是我们只要知道，这一切都是他们表达爱的一种方式。那么就够了，即使有时候很烦，但是心里还是温暖的。

爱的力量是神奇的，一切的误会和争执，在爱的面前都会显得微不足道，而当我们和父母发生争吵的时候，千万要记住，只要用爱，就可以解开横亘在我们心中的那个结。

他很恨自己的父母，那是因为他们给予他的只有无边的屈辱和尴尬。因为他们是一对残疾夫妻，男的是个瘸子，女的是个盲人。他们在孤儿院领养了他，将所有的心血投注在他的身上，将他抚养长大，供他吃穿，凑钱供他上学。

刚开始的时候，他虽然时常被人笑有一双残疾的父母，但是他并不以为然，因为他知道，无论别人怎么嘲笑，那对夫妻是他的父母，他们给了他无尽的爱，将他当做手心里的宝贝在疼惜。但是自打上初中以后，他慢慢开始懂事，所以有了廉耻，每每想起，他都为有这样一双父母而自卑，他觉得他们把自己生下来就是一个最大的不幸。于是为了杜绝同学们的嘲讽，他拼命地读书。

他想长大了，自己有能力了就离开这对给他带来耻辱的父母，于是这个念头成了他读书的最大动力。终于他考上了外省的一所重点大学，因为他的父母双残，所以他的学费是由政府负责的，生活费的一大半也是靠着好心人的捐助和父母的省吃俭用供应的。在大学，他不再是那个被笼罩在父母阴影下受人嘲笑的人了，没有人会刻意去探究他的家庭。他顺利地读完了大学，在读大学的四年中，他只回去过一次，因为那次那个一直资助他的好心人来到了那对夫妇的家中，为了继续得到好心人的赞助，所以他回家了。他只给家中打给十多次电话，每次几乎都是有事，要么就是为了办户口的事情，要么就是没生活费了……总之，他是逼不得已，才和那对残疾夫妻继续联系的。

毕业后他找到了一份很不错的工作，也找到了一个漂亮的女朋友，在结婚的那天，他收到了父亲给他的一封信，在那封信中，他知道了自己原来是那对夫妻的养子，他们一直知道抱养的这个孩子因为有这样一对父母而引以为耻，所以从来没有责怪过他不回家，也从来没有怨过他的无情。但是老两口从村人口中得知儿子要结婚的事情，还是伤心了，他们抱头哭了好久，然后将儿子的领养证和这封信寄给了他。这样儿子就可以不再因为有这样一对父母而被人瞧不起了。

他哭了,他带着新婚的妻子离开了婚礼,他直接买了当日的飞机票回到了那个久违的故乡。看着破旧的泥瓦屋,他跪在了老两口的门口,请求他们原谅。

这个故事虽然有些特殊,但是我们的生活中却是很常见的。或许我们曾经因为自己的父母没钱而感到耻辱,因为他们是目不识丁的乡下人而感到丢脸。但是这并不是他们的错,他们生养我们已经很不容易了,还要省吃俭用供我们读书,对于他们来说,只要自己的儿女过得开心,他们受什么样的苦都可以,这就是父母的爱。我们面对这样无私的爱,想起自己的所作所为,应该觉得惭愧。

不要因为一些面子上的问题而对自己的父母记仇,因为你的那些所谓的难堪,在他们的付出面前是不值一提的;也不要因为受到父母的责备,就让自己的心里添了心结,面对他们无私的爱,再大再紧的心结也会在瞬间解开。亲情是一种建立在血缘关系上的爱,这种爱是连着心,砍不断,抹不去的。

父母被称为子女灵魂的工程师,正是因为有这工程师的存在,所以才塑造出了我们的灵魂。没有父母就没有今天的我们,更不用谈什么事业有成,家庭幸福。面对父母的爱,我们唯一能做的就是感恩,尽儿女的本分,让他们在有生之年快快乐乐地生活;现在我们在他们的呵护下已经长大了,那么剩下的就是我们来为他们撑起一片幸福的天空。因为我们的父母已经衰老了,他们的身躯已经不再挺拔,已经没有力气再为儿女遮风挡雨了,但是他们还是将自己最后的一点爱倾注在自己儿女乃至孙子的身上,这就是父母的爱,没有辈分的隔膜,毫无保留的付出。

我们应该都知道"乌鸦反哺"的故事吧,老乌鸦先是将小乌鸦抚养长大,然后在它老得无法出外觅食的时候,小乌鸦就开始哺喂自己的母亲。飞禽都可以做到孝顺自己的父母,那我们为什么就做不到呢?忙并不是我们的借口,只要有心,就是请假也应该回家探望父母;路途遥

篇二 亲友篇

远也不应该阻挡回家的脚步，现在的交通工具发达，不用你走路，就可以到达家门口。有许多出外打工的人，他们总想挣一些钱之后才回家，于是三五年不见父母是很常见的事情，或许这样的出发点是好的，但是父母更希望常年在外的子女能够在过节的时候聚上一聚。他们最在乎的并不是过节礼物，也不是什么所谓的孝顺不孝顺，而是见见子女，聚在一起，吃一顿团圆饭，团圆才是他们最大的心愿。

理解我们的父母，不要让遗忘和冷漠占据我们的心灵，用爱解开自己的心结。繁忙时多打电话问候我们的父母，闲暇时不妨回家看看，工作、生意再重要，也不如生养我们的父母重要。爱我们的父母，不要让他们的眉头笼上忧愁。

心语心愿

人的一生本来就短短几十年，而在这几十年中，唯有父母的爱伴随着我们走过一生。爱我们的父母，不要因为一些小事而对他们有所疏远，如果你给自己的心上打个结，就会有一个更大的结郁积在父母的心中，如果想让他们开心，那就用爱打开自己的心结，让父母的心灵充满温暖。

4. 用"对不起"扫开笼罩在心灵上面的阴霾

扫开笼罩在心灵上的阴霾，错了的时候要说"对不起"。不管怎样，有时候我们的父母也会觉得委屈，那时候我们就需要将自己对他们的歉意说出来，只有让他们知道我们已经意识到了错误，这样才可以让他们宽心，才可以消弭隔代的硝烟。

面对父母的时候，自己如果错了，就要勇敢地将"对不起"对他们说出来。直接地将自己的歉意表达出来,对于两代人之间的相处是非常有好处的,这样父母子女之间的沟通就会更顺畅,感情就会更融洽。

很多时候,子女明明知道自己做得不妥,这样可能会伤了父母的心,但是由于羞于启齿,将歉意憋在心里不说,加之父母又表现出一副无所谓的样子,所以慢慢地也就疏忽了。其实面对儿女的不理解,作为父母的内心何尝会好受?但是作为父母,他们连向儿女索求道歉的权利都没有,那是一件多么让人伤心的事情。

其实,对自己的父母说"对不起",直接将自己的内疚和歉意表达出来,这样有助于解开彼此之间的误会,也可以抚慰父母受伤的心灵。子女主动向父母道歉,是出于一种孝顺,也是出于一种对父母的尊重,父母的心也是肉长的,我们受到伤害的时候会心痛,那他们呢?被自己最爱的子女所伤,他们的心估计早就痛得近乎麻木了。父母永远不会对自己的儿女记仇,无论他们做了什么大逆不道的事情,他们唯一的信念就是让子女幸福。

无论如何,父母的爱是值得我们永远珍惜的。他们有时候可能会担心你,所以会念叨你几句;有时候确实是你做错了,他们也只是按照事实说话,但是人就是这样子,忠言必定逆耳,当时可能面子上会挂不住,顶撞父母几句。这也无可厚非,人们难以控制愤怒的情绪是很常见的事情,只要是自己真的错了,等情绪稳定下来的时候,和父母好好谈谈,说出自己犯错的原因,然后向他们道个歉,那么他们就会变成世界上最善解人意的父母。其实,要想和父母处好关系,很简单,那就是承认自己的错误,做会主动说"对不起"的子女。

一个年轻人,在一次失误操作中,被机器压残了双腿。为此,他要死要活地闹了好一阵子。那一段时间,他的母亲战战兢兢、小心陪侍着他。有人劝母亲,说趁孩子年轻,带着他去好看好玩的风景名胜区看看,多见见世面吧。母亲摇摇头,回答在家里挺好的,我们哪儿也不愿意去。年轻人突然就愤怒了,他咆哮着:"你哪里也不带我去,你想把

篇二 亲友篇

135

我憋疯啊，我看你是舍不得花钱吧！"

母亲好像是做错了什么，站在一边，低着头一句话也不敢说。之后的日子，他动不动就和母亲耍性子。然而，无论他怎么闹，母亲只是闷着头做事，一句话也不说。人们都说，这母亲也太抠门了！

几年之后，他成了家，还开办了一家效益不错的工厂。一天，他提议说："妈，现在咱家条件也好了，一家人出去转转吧，好多名山大川，我们还没看过呢！"母亲坐在那里，一边大颗大颗落泪，一边连连点头说："是，孩子，咱们是该出去走走了。"然后，她便颤颤巍巍地从另一个屋里找来了一包东西。

母亲一层一层打开，里边包裹着厚厚的几沓人民币。母亲满眼噙着泪花："孩子，妈不是没有钱。那些年，不带你出去，不是舍不得花钱，而是妈不敢，妈怕你看到别人都活蹦乱跳的样子，自己再想不开……"

年轻人听罢，先是一愣，接着就抱着母亲大哭。他终于知道，母亲这些年来，为他遭受了多少的辛酸与委屈。他对着自己的母亲说出了很久之前就想说的一句话——对不起，母亲听后哭得更狠了，但是她的眼睛里却闪着异常明亮的光芒。

亲情就是这么伟大，也就是这么简单，父母的爱可以沉重如山，也可以宏大如海。他们陪着我们走过山山水水，在黑暗中为我们点亮照明的灯；在我们失意的时候，默默地守候在身边。这就是父母的爱，爱得无私，爱得不求回报，同时又爱得无怨无悔。

是人就难免会犯错误，但是只要能够及时意识到并改正，就已经难能可贵了。或许是因为生活节奏的日益加快，或者是工作中的各种压力，越来越多的父母被儿女忽略，他们对于儿女的思念却只能体现在喋喋不休的唠叨中。而在这些唠叨中饱含着他们的关爱，透露着他们无尽的思念。因为是父母，为了不增加儿女的负担，甚至连思念都会变得如此隐晦。在我们在工作闲暇的时候，再见到父母的时候，不妨和他们说一句"对不起"，只要一句对不起，父母就会理解。

对父母说"对不起"的好处主要有以下几个方面：

(1) **可以消除彼此之间的误会**

父母、子女之间有时候可能会因为一些事情或者意见而产生误会，这时候，做儿女的不管是对是错，都要向自己的父母道歉，因为惹父母生气，本身就已经错了。向他们低头认错，误会可以在一瞬间消失不见。父母他们的坚持肯定有自己的想法，冷静下来的时候你不妨听听他们的见解，说不定会有意想不到了的收获。

(2) **能够使他们心情开朗**

老人最重要的是心情开朗，只要他心情欢快，身体就会健康一些。我们的父母大多都已经老了，看到孩子们一个个去了其他的地方发展，当只剩下他们老两口的时候，难免会有一种被抛弃的孤单感。再加上思念的煎熬，不免会有这样那样的疾病来侵扰，这时候我们就应该让他们尽量保持开朗的心情。对父母多问候几次，即使产生争执的时候，也主动承认错误，让他们知道自己的儿女挂念着自己，他们的心情自然就好了。

(3) **让父母有自豪感**

父母最骄傲的事情就是自己的儿女有出息。所有的父母相互交谈的话题一直都是围绕着自己的子女的，在相互的比较中，他们会因为自己儿女的优秀而自豪。其实父母都是将自己的儿女当做世上独一无二的珍宝来培养的，这里面灌注了他们所有的心血，当然包括他们的青春。对自己的父母说"对不起"，让他们觉得自己的儿女是懂事的孩子，值得他们骄傲。

爱我们的父母，学会对他们说"对不起"，在这一声歉意中，将自己对他们的爱表达出来，那么存在于父母、子女之间的代沟就会消失，弥漫在隔代的战场上的硝烟也会熄灭，而亲情之间的爱，会让我们的未来更加美好。

心语心愿

　　相信每个人都曾经和自己的父母发生过争执，有时候自己错了确实很想向父母道歉，却因为一些原因没有说出口。虽然父母对儿女从来都是不记仇的，但是他们也有心啊，我们的伤害就好像是一片阴霾，笼罩在他们的心头。我们应该用"对不起"驱散那片阴霾，让我们的父母们展开明媚的笑容。

5. 找到摇曳在心灵深处的那份理解

　　爱由亲始，亲亲而仁民。一个人爱他人、爱祖国的情感，是从爱自己的父母、亲人开始的。现在的家庭普遍都是独生子女，在对于亲情的理解上，很容易出现偏差，为此造成了许多误会。让理解摇曳在我们的心灵深处，让隔代的硝烟熄火。

　　理解是沟通人与人心灵的桥梁，是化解人与人之间的隔阂、误解、矛盾甚至仇恨的桥梁。有了这座桥梁，人们就会生活快乐，相处和睦，而这座桥梁更可以让亲情不再流泪，让父母子女没有代沟。

　　当人们情绪不好的时候，往往所做的一切都会缺乏理智，容易误解别人，这样会给他人带来心灵上的伤害。矛盾冲突也就会轻易产生，甚至造成严重的后果。

　　当我们贪玩而放松学习的时候，父母总是会因为我们不知学习而十分生气，时常会采用激动的言语批评，脾气不好的还会打骂。此时，可想而知，我们的心情一定会非常难受。那时候我们大多不会理解他们的苦心，所以故意和他们顶嘴，做一些错事让他们生气。

　　现在回想起来，假如那时候能以宽容的心态，充分理解父母的用心良苦，想想父母平时对自己的关爱。即使父母十分严厉，也蕴含着他们的无限爱心。也不至于因为不理解，彼此之间的矛盾不断加深，甚至产生无法填平的"代沟"。长大后，懂事了，才体会到了父母的用心，却无法将歉意和后悔说出口，只留下无尽的悔恨。所以，我们必须在心中架起一座"理解之桥"，一座人与人之间互相体谅、互相沟通之桥。因为，宽容和理解是一个人的高尚情操。

从前，有一棵巨大的苹果树。一个小男孩每天都喜欢在树下玩耍。他爬树，吃苹果，在树荫下小睡……他爱树，树也爱和他玩。

一天，男孩来到树下注视着树。"来和我玩吧。"树对小男孩发出了邀请。"我已经不再是孩子了，我再也不会在树下玩了。"男孩回答道。"我想要玩具，但是我没有足够的钱。"小男孩的声音里透着伤感。"对不起，我没有钱……但是，你可以把我的苹果摘下来，拿去卖掉，这样你就有钱了。"苹果树窘迫地告诉男孩。男孩把所有的苹果都摘了下来，然后高兴地离开了。男孩摘了苹果之后很久都没有回来，树很伤心。

一天，男孩回来了，树很激动。"来和我玩吧！"树开心地说。"我没时间玩，我得工作，养家糊口。我需要一幢房子，你能帮助我吗？"男孩理所当然地请树帮忙。"对不起，我没有房子，但是你可以砍下我的树枝，拿去盖你的房子。"男孩把所有树枝都砍下来，然后高兴地离开了。看到男孩那么高兴，树非常欣慰。但是，男孩从此很久都没回来，树再一次孤独、伤心起来。

一个炎热的夏日，男孩终于回来了，树很欣喜。"来和我玩吧！"树好久没有这么开心了。"我过得不快乐，我也一天天变老了，我想去航海放松一下，你能给我一条船吗？"男孩子闷闷地开口倾诉。"用我的树干造你的船吧，你就能快乐地航行到遥远的地方。"男孩把树干砍下来，做成了一条船。他去航海了，很长时间都没有露面。

最后，过了很多年，男孩终于回来了。"对不起，孩子，我再也没有什么东西可以给你了……"树哀伤地说。"我已经没有牙咬苹果了。"

男孩回答道。"我也没有干让你爬了。"树说。"我已经老得爬不动了。"男孩说。"我真的不能再给你任何东西了,除了我正在死去的树根。"树含着泪说。"我现在不再需要什么了,只想找个地方休息。过了这么些年,我累了!"男孩回答道。"太好了!老树根正是休息时最好的依靠,来吧,来坐在我身边,休息一下吧!"男孩坐下了,树很高兴,含着泪微笑着……

也许我们会觉得,男孩对树太残忍了,但是那正是我们所有人对待父母的方式啊!这个故事就是每个人的成长故事,树就是我们的父母。当我们年幼的时候,愿意和爸爸妈妈玩。当我们长大成人,我们就离开了父母,只有我们需要一些东西或遇到麻烦时,才会回来。不论怎样,父母总是支持我们,竭力给我们每一样能让我们高兴的东西。从这个男孩的身上,我们就可以看到自己的影子,从来都不懂得父母,不理解他们的爱,不理解他们的孤单,所以只有在自己老了的时候,才懂得,原来父母的爱是世界上最无私,最难以偿还的。

每个人都希望得到他人的理解,希望他人能够知晓自己所想的,所希冀的。但是我们的父母更需要我们的理解啊,他们为了我们能够好好读书,将家中所有的粮食都变卖;他们为了早日见到儿女,情愿顶着寒风在车站等上好几个小时;他们花了几乎一天的时间,将玉米在石磨上磨成粉,只因为儿女说石磨磨的玉米面最营养……为了儿女,父母不知做了多少让人不可思议的事情,但是只要儿女开心,对于他们来说一切都值得,面对父母的苦心,我们有时候却不屑一顾,只觉得他们的所作所为让人很烦。

原来,矛盾就是在这种不理解下产生的,只因为儿女不愿意去探究隐藏在那些他们认为很烦的举动后面的真实意义。所以他们糟践了父母的爱,疏忽了他们的付出,否定了他们的关怀,拒绝了他们的好意,同时也伤害了一颗属于父母的爱心。在我们喊着"代沟"、"隔代的矛盾"的时候,是否曾经站在父母的立场上为他们想过,是否在要求他们理解自己的时候也理解过他们？如果你没有，那么就将那些所谓的"代沟"之类的词儿收起来，让自己站在父母的角度想过之后，再发言。

心语心愿

亲情应该建立在相互理解的基础上，很多人宁可花时间去理解一些不认识的人，也不愿意花些时间来理解自己的父母。虽然父母对儿女的付出不求回报，但是作为儿女，至少要用理解去报答自己的父母。用心灵谱曲，找到摇曳在心灵深处的那份理解，让亲情变得可贵。

6. 雕琢你的心灵，耐心可以让一切变得更美好

耐心可以雕琢我们的心灵，让一切变得更加美好。关于亲情似乎有很多难以用语言描述的感动，父母的爱是我们人生之路上的一盏明灯，它能够驱散黑暗，带来黎明。只要有耐心，你的人生可以变得轻松美好，耐心地对待身边爱我们的人，那我们就会被爱的温暖包围。

什么是耐心呢？估计很多人都不知道应该怎样为它定义。我们一直都说做任何事情要有耐心，只要耐心就可以成功；对待孩子老人要有耐心，否则会伤害他们。到底什么是耐心呢？其实我们时常都会遇到，特别是我们回到家里，面对父母的时候，才可以知道什么是真正的耐心：母亲为了做一份丰盛的晚餐，在闷热的厨房里忙碌了好几个小时；父亲为了买一只儿女爱吃的鸭子，骑着自行车，赶了好几公里的路。这些就是耐心，在这耐心里面饱含着父母对儿女的爱。对于父母来说，耐心就是他们对儿女的爱的一种体现。

但是对于我们来说，耐心却往往表现在对自己想要的东西的追求上。为了得到自己想要的那个职位，我们对周围的人都显得特别有耐

心，即使遇到十分过分的事情，也是强压下心里的火；哪怕被上司批驳得一无是处，也只能闷声接受，谁要我们不如人呢？在众人眼里，你是一个很有耐心，品质不错的人，于是你登上了那个盼望已久的位子，然后一步步，在忍耐中越爬越高。你为了自己的私欲，尚且能够忍受他人的斥责，为什么对于父母的叮嘱就显得不耐烦呢？更别提他们的责备和抱怨了，我们似乎在自己的父母面前就会变得肆无忌惮，甚至蛮不讲理，这到底是为什么呢？父母不是应该更亲，更值得我们爱吗？

其实这样的人不算一个有耐心的人，一旦他的私欲得到满足，他就会露出本来的面目。他尚且不能够耐心地对待自己的父母，那么对其他人他就更不会耐心，因为缺乏耐心，不仅会让他失去亲情的庇护，甚至有时候还会让他失去更多。

刘二弟兄两个，哥哥刘大，他们从小就死了娘，是爹一把屎一把尿将他们拉扯长大的。刘大憨厚老实，刘二奸猾狡诈，很会讨人欢心，刘老爹从小就特别偏爱他。刘老爹多少年下来也积攒了不少的财物，眼看自己行将就木，于是喊来两个儿子，问谁愿意为他养老送终。憨厚的刘大告诉爹爹，自己一定会好好伺候他，让他不要想什么死不死的；刘二早就听说自己的老爹有些积蓄，于是对着爹爹指天发誓，一定会好好侍奉刘老爹。听到两个儿子如此有孝心，刘老爹有点欣慰。但是，他还是决定考验一下他们。

刘老爹生病了，于是两兄弟决定让老人在各自的家中养老。刚开始的时候，刘二因为惦记着老爹的财产，所以对他嘘寒问暖，买来各式各样的补品，但是始终不见老人有所表示，于是慢慢地开始懈怠，甚至有时候当着老人的面咒他早死。老人的心也从刚开始的暖和逐渐变冷。倒是刘大始终对自己的爹爹很好，他虽然没有刘二那么有心眼，但是对老人的照顾却是无微不至。甚至很多时候，还会陪老人聊聊天。渐渐地，老人不再偏爱刘二了，他知道自己应该怎么做了。

刘老爹临死的时候，将两个儿子喊到床前，他还让人喊来村长做个见证。他哆嗦着双手，将一把钥匙交给了刘大。刘二立刻意识到钥匙的重要性，所以责备自己的爹爹偏心，但是老人对刘二的叫嚷不予理睬，然后握住刘大的手，说出一句话："我今天作此决定，皆因为大儿的一份耐心，经得住时间考验的孝心才是真正的孝心啊！"

很多时候，耐心是很重要的，只有在耐心中才能显示出一个人的本质。让自己的生活多一点耐心，在面对亲人的时候多一点耐心，那样你就可以享受到亲情带来的丝丝温馨。在这温馨中感受父母的爱，在耐心中体味人生的滋味，这才是生活的方式，只有这样才能让自己的心灵在亲情的沐浴下毫无压力，才能够让自己的生活毫无压力。

能不能和自己的父母相处和睦，能不能让父母的心灵不流泪，那么就在于儿女能不能耐心地去对待自己的父母。那么怎么做我们才可以培养自己的耐心呢？

首先，不要让烦躁影响我们的心情。做父母的年纪大了，难免有点絮絮叨叨，一会说你应该注意这个，一会又说你要小心那个。大多数的儿女听到父母的唠叨，都会有一些烦躁。这时候，你就不可以让烦躁影响自己的心情，你可以换个角度想想，父母的唠叨都是为自己好，有一双如此爱自己的父母，其实是一件很幸福的事情。这样想想，再面对父母的唠叨的时候就会变得有耐心多了。

其次，对待父母就像对待自己的孩子一般。父母的爱是天底下最伟大的爱，任何父母对自己的孩子总是充满耐心，百般呵护。在面对父母的时候，我们也不妨以这样的心态来对待，那么就不会有"隔代"、"代沟"等种种问题存在了。

再次，学会换位思考。如果和父母发生分歧的时候，不妨站在他们的角度想想当时的情况，你就可以发现不同的结果。有一句话这么说："父母的心在儿女上，儿女的心在石板上"，天下的父母从来就不会对自己的儿女安坏心，我们应该耐心地对待他们。

培养自己的耐心，面对亲人的时候多点耐心，那么隔代的硝烟也会熄火。父母子女之间也就不会存在"代沟",更不会在当我们自己懂事之后还怀着对父母的愧疚。

心语心愿

不要随便以种种借口拒绝父母对我们的爱,即使他们的爱有时候表达的方式不怎么让人容易接受,但是那种出自内心的关怀是真实的。雕琢自己的心灵,用心灵谱曲,以耐心作词,让亲情带走我们生活中的种种压力。

7. 开在心灵上的花朵,亲情可以照亮你前进的道路

亲情就像是一盏亮在黑暗中的灯,无论我们身处什么样的黑暗中,它都可以为我们照明前进的道路。就好像是一支开在心灵上的花朵,每时每刻都散发出迷人的幽香。

亲情是一首诗,回味隽永;亲情是一支歌,唱之不竭;亲情是一条小溪,滋润心田。亲情是一份永远的牵挂,是一份真挚的感动,是人生旅途上的照明灯。离开亲情,我们的心灵就会干涸,就会成为无源之水。

亲情是我们生命中的守护神,它一直陪伴着我们经历困难挫折,走过千山万水,陪我们哭,陪我们笑,分担我们的压力,装扮我们的人生。不管是在我们的生活中还是工作中,都扮演着不可替代的角色,激励着我们不断前行,是我们一生值得珍惜的感情。

英国物理学家布拉格,小时候家里很穷,但是亲情让他克服了一切困难,最终实现了自己的梦想。

他当时在学校读书的时候,因为家里经济条件太差,父母无法给他

买好看的衣服、舒适的鞋子，他常常衣衫褴褛，拖着一双与他的脚很不相称的破旧皮鞋。但是年幼的布拉格从不曾因为贫穷而感觉自己低人一等，他更没有埋怨过家里人不能给他提供优越的生活条件。那一双过大的皮鞋穿在他的脚上看起来十分可笑，但他却并不因此自卑。相反，他无比珍视这双鞋，因为它饱含着父亲的爱，可以带给他无限的动力。

这双鞋是他父亲寄给他的。因为家里穷，不能给他添置一双舒服、结实的鞋子，即便这一双旧皮鞋，还是父亲的。尽管父亲对此也充满愧疚之情，但他仍给儿子以殷切的希望、无与伦比的鼓励和强大的情感支持。父亲在给他的信中这样写道："……儿呀，真抱歉，但愿再过一两年，我的那双皮鞋，你穿在脚上不再大。……我抱着这样的希望，你一旦有了成就，我将引以为荣，因为我的儿子是穿着我的破皮鞋努力奋斗成功的。……"这封寓意深刻、充满期望的信，一直像一股无形的力量，推着布拉格在科学的崎岖山路上，踏着荆棘前进。

亲情是我们获得成功的最大助力，很少有人在父母反对的事业上获得很大的成就。因为没有了亲人的理解和支持，他们的内心就是空虚的，一个内心空虚的人，他干什么事情也不会顺利。

任何人可能会抛弃我们，唯独亲情不会，或许我们曾经因为种种原因抗拒过自己的父母，嫌弃他们管得太多；也曾经因为他们的无权无势而自卑过；甚至想过要和他们决裂，从此远走他乡……但是真正当我们不再受到父母的庇护的时候，才发现我们的羽翼还不够丰满，还无法与狂风暴雨搏击；我们的能力还不够强大，遇上生活中的磨难的时候，唯一能做的就是转身逃走。所以在挫败中我们只能暗自悔恨，对父母的思念会像虫蚁一般噬咬着我们的心灵，这就是放弃亲情的下场。太小的我们，没有了父母的庇护，连生存的能力都没有。

每个人都希望自己快快长大，因为长大了就可以不再受父母的管束，可以做自己想做的任何事情了。于是在日复一日、年复一年的盼望中，终于长大了，可以一个人出去闯世界了。在父母的不舍和无奈中，

亲友篇

145

我们兴奋地踏上了未知的旅途。当一切的好奇过去之后，才知道，自己一直想要逃离的那个家，那一双只会唠叨的父母，才是最安全的港湾，才是应该停驻的港口。

"儿行千里母担忧"，这就是难以抹杀的亲情之爱，爱得无私而又自私，爱得无理却又是至理。儿女的每一次出行，那个做父母的不是摸黑起床，收拾这收拾那，就连行李也是整理一遍又一遍，深怕又落下什么东西。然后就是在泪眼汪汪中送走自己的儿女，这种不舍以及殷切的期盼，是我们每一个人一生也享用不尽的财富啊！

成功人士杰克在一次记者访谈中提出，让自己之所以如此成功的人是他的父亲迪恩，父亲对他的教育和爱，成了他以后人生中最宝贵的一笔财富，是父亲教会他如何做人，如何在人生的道路上行走。

有一次9岁的小杰克和父亲迪恩一起在后花园放风筝。突然，风筝被墙头上的野花缠住了。于是小杰克自告奋勇前去拿风筝。当他站在高高的梯子上，手里拿着风筝的时候，父亲却为他讲了这样一个故事：从前有个爸爸告诉他那站在一架很高很高的梯子上的儿子说："你跳下来，爸爸一定会在下面把你抱住。"听见爸爸的保证，儿子毫不犹豫地纵身一跳。谁知，当儿子就要投进爸爸的怀抱里的前一秒中，爸爸的身体一闪。儿子扑了空，摔在地上。儿子哭哭啼啼地站起身来，问爸爸为什么要骗他。爸爸说："我要给你一个教训，连你爸爸的话都靠不住，别人说的话更不必说了。"

停了一会儿，迪恩告诉小杰克，他们要按照故事中所讲的做一遍。小杰克一听，脸都变白了。迪恩说："不要怕，勇敢一点，只要做那么一次就行了，我要你留下深刻的印象。免得你以后长大了，容易上人家的当。"咬紧牙关，忍着泪，小杰克从梯子上跳下来了。但是迪恩的手没有缩回去，他的身体也没移开。他把掉到手中的儿子，结结实实地抱住了。

杰克虽然没有受伤，但是小杰克却问父亲为何说谎。迪恩笑着告诉他："爸爸要让你知道，即使是别人的话，有时也可以信的。何况是爸爸的话呢?"所有的阳光都回到了杰克的脸上。

杰克回想着这一切,正是父亲让他知道可以相信他人,但是不可尽信。正是凭着这些,他的事业才会一帆风顺,最后达到巅峰。

亲情就是一笔财富,父母的教育让我们受用终身。他们教会我们做人的道理,教会我们如何做事。曾记得有句话说,"教孩子就好像是培育树苗,只有将那些偏权、斜枝修剪掉,才能让小树苗一直端正的生长,最后长成参天大树。"对于父母而言,我们可不就是那些小树苗吗?那些斜枝就是我们的叛逆和顽皮,正是因为父母及时地修剪掉了,才不至于走上歪路。

感谢我们的父母,是他们的爱才使我们在人生之路上走得如此轻松;因为有他们的爱相伴,我们的心灵才不至于如此沉重;有他们的爱相伴,生活将不再是一副重担。感恩父母给予我们的爱,让他们的爱永远进驻在我们的心间,让他们的爱陪伴我们经历人生路上的风风雨雨,照明我们前进的道路。

心语心愿

对我们的父母感恩,让亲情在我们的心灵深处绽放,用心灵谱出美妙的旋律,让父母的爱伴随我们身旁。让隔代的战场不再出现,让生活的压力消失。拥有亲情,赞美亲情,为亲情写一首赞歌,让它唱响在所有儿女们的心间。

8. 睁开心灵的眼睛,正视父母的关怀

睁开心灵的眼睛,正视父母的关怀,在关怀中解除对父母的误会。关怀是一种发自内心的在乎,它是没有任何条件的付出,也是爱的一种

表达方式。在关怀中了解父母对我们的爱。

关怀本身就是一种艺术，是人与人之间一种互相连接、互相支持的表现，更是父母和儿女之间的爱的承载体。父母对儿女的关怀里面具备了爱心、包容和支持。儿女对父母的关怀中，则包含了感谢、体谅和深深的歉意。

父母的关怀就像是一种雪中送炭的行动，是在儿女遇上难题、处于困境时所伸出的援手；儿女的关怀对于父母来说，就好像是在他们的生活中注入一股暖流，他们因此而开心。其实，亲人之间的关怀并不需要轰轰烈烈的"帮忙"，而是简单如一个电话或者一声问候，甚至是一个鼓励的目光。只要是里面包含了爱，那么即使很淡，都会给人们带来无尽的鼓舞和激励。

我们在与父母的相处当中，关怀是联络情感的纽带。这条纽带可以化解所有的误会，可以抚平无数的伤口。这条纽带是绽放在人们内心深处的爱，是真情的表现方式。只有关怀才可以让被伤害得支离破碎的心灵重新完整；只有关怀，才能让行走在人生路出上的疲惫不堪的脚步重新充满力量。

或许我们有时候因为一些生活的压力，或者事业上的不顺心而心生烦恼，往往在面对父母的询问的时候产生一种抗拒，甚至厌烦感，以至于有时候故意曲解他们的关怀。觉得自己已经长大了，根本不需要他们再跟在身边絮絮叨叨了。但是，殊不知，在父母的眼中，我们永远是他们的孩子，是需要他们保护、照顾的孩子。所以，我们一定要正视父母对我们的关怀，不要让误会横亘在亲情之中。

那一夜，她因为和男朋友分手了，哭得稀里哗啦，将母亲的安慰看做是一种讥讽，将母亲赶出了自己的房间，把母亲的好意拒之门外。在黑暗中，在紧闭的房间里，她任自己的泪水肆意流淌，故意忽略了母亲一次又一次的敲门声，将关心自己的母亲一次次吼回去。

第二天，她双眼红肿，在母亲一次次地乞求下出了房门。笑容从此在她的脸上消失了。她将那份失败的感情深藏于心，从此一心只扑在工作上。她拼命地加班，不断地熬夜，她的努力没有白费，她的职位越来越高，薪水也不断增加。她知道，她之所以如此成功，最主要的不是感情的刺激，而是母亲的关怀。

自打她失恋以后，母亲就经常围着她打转。母亲从来没有说一句安慰她的话，因为她知道自己女儿的骄傲，她只是变着花样做了许多好吃的。在她拼命加班顾不得吃饭的时候，母亲总是会打电话一次又一次地提醒她，直到她受不了吃了饭，母亲才会罢休。母亲一直站在她的身边，默默地关怀着她。而直到她，站在成功的舞台上，肯正视自己的时候才发现，那份曾经的恋情早已模糊不清，而母亲忙碌的身影却一遍一遍浮现在脑海。

就是这种关怀，捂暖了她绝望的心；就是这种关怀，让她开始正视母亲的爱；她为自己曾经的无知而感到羞耻，因为将母亲好意的劝慰当做讥讽而后悔。她在失恋三年之后的一个母亲节，为母亲做了一份丰盛的晚餐，在她将康乃馨送给母亲的时候，她看到母亲的眼眶湿润了。她祝贺母亲节日快乐，然后将所有的歉意都蕴含在一句"对不起"之中。是母亲让她学会了关怀，也是在母亲的关怀中，她慢慢解除了对母亲的误会。

关怀是盛放在父母儿女心间的爱，父母对儿女的关怀是淡淡地，但是聚集起来却是怎么也化不开的浓，关怀虽浓，却不会让人感觉到压力。父母是因为最了解儿女的个性，所以他们知道以何种方式表达自己的关怀。那么我们，又该以什么样的方式去关怀他人呢？怎么做才能让关怀成为一种爱的表达呢？

（1）关怀是建立在平等和自由的基础上的

在关怀的眼光中，不应该有卑微和怜悯。没有人喜欢做一个可怜虫，凡是有傲骨的人都不喜欢别人的怜悯。每一个人都有独立的人格，他们有自己的骄傲，即使当时的处境很不理想，但是他们也不允许活在别人的怜悯和施舍中。关心一个人，首先就应该承认并尊重他的人生价值。

（2）关怀是默默而深沉的

太过大张旗鼓的关怀可能会伤害一个人的自尊心。只有默默而深沉的关怀，才能让一个暂时生活失意的人保住他仅有的尊严。默默的关怀是一种毫无言语的爱，这种爱可以成为激励人们前进的动力。

（3）关怀是无私无尽的

用充满爱与信念的关怀，有时候甚至可以挽救一个人的生命。记得有这样一个故事，说是有一位重病的患者，他因为一片常绿的树叶战胜了病魔，终于将自己从死神的手中拉了出来。但是那片树叶其实是一位好心人画上去的。这种关怀，创造了生命的奇迹，包含在这片绿叶中的，更多的则是爱与心的付出，无尽而无私！

关怀，是用心灵弹奏的一首关于爱的曲子，在关怀的照耀下，释放我们心灵的负担，让亲情绽放在我们的生命中，让父母的爱成为我们成长道路上最靓丽的一道风景。关怀，有时可以是淡淡的，就好像消失在天际的流星；也可以是深深的，就好像是沉稳厚重的大地。它是唯一能让人生低头的爱。

心语心愿

关怀是一首歌，可以让我们的心灵飞翔；关怀是一首诗，让我们在亲情的庇护下走得更远。关怀是一杯茶水、一句问候、一个温暖的拥抱……在关怀中让误会烟消云散，在关怀中让我们将对父母的爱表达出来。

第六章　让心灵歌唱
——友情并不是一句空话

"千金难买是朋友,朋友多了路好走"这是对友情的赞美。每个人都有属于自己的朋友,朋友是可以和自己分享快乐、承担痛苦的人;朋友可以在你深陷泥泞的时候扶你一把,可以在你得意忘形的时候打你一棒,也可以在你愤愤不平的时候劝你一句。不会因为你一无所有而鄙视你,也不会因为你有钱有势而奉承你,更不会因为你厄运连连而遗弃你,他们最在乎的是你这个人,交的是你的一颗心。

友情是心与心之间的交流,是心灵的守护者,更是可以让心灵飞起来的助力。唱一首赞美的歌,让友谊的花朵绽放在我们的心灵上,让友谊使我们的人生更加精彩,让朋友陪伴着我们经历狂风暴雨。

1. 心与心之间的交流,找到友情的沸点

朋友贵在交心,只有建立在心灵上的感情,才算得上是真正的友谊。真正的朋友无需多言,只是一个眼神就可以知道对方的心思。多么华丽的谎言,对于友情来说都不堪一击,而只有心与心之间的交流,才可以找到友情的沸点。

朋友是人生路上一起分担风雨分享阳光的伙伴。朋友之间的感情是纯洁的,也是朴素平凡的,它不一定浪漫动人,但却是源自心灵深处的相知相惜,是这个世界上最坚实、最永恒、最高尚的情感。在我们的一

生中，能陪我们走得最长最远的是——朋友。

风雨人生，朋友是我们登高时的扶梯和受伤时的良药，是我们饥渴时的生命之水和淌过人生冰河的轻舟。在聚散分离的人生旅途中，人人都有朋友，能够彼此知遇，走近，这是大千世界芸芸众生中一种得来不易的缘，是金钱买不来的，只有用心才能得到。

有句话说，朋友是"附于两个躯体的一个灵魂"，因为友情是建立在心与心的交流之上的，朋友之间存在心灵感应。朋友的举手投足，一颦一笑，一个背影和回眸，一种仰慕和欣赏，都是心照不宣，心领神会的。历尽沧桑的人大多咀嚼过交友的痛楚，也品味过结谊的温馨。在倾诉和聆听中感知朋友深情，那是一种生命的温柔和心灵的相印。

春秋时的管仲与鲍叔牙结为至交。两人合伙做生意，每次分红，管仲总是多拿一些。旁人不平，鲍叔牙却为他辩解说："管仲家里经济更困难，让他多分一些就是了。"

管仲打过几次仗，每次都是冲锋居后，逃跑当先。有人耻笑他，鲍叔牙又辩解说："管仲并不是怕死，他是考虑家有老母需要赡养啊。"

后来鲍叔牙跟随公子小白，小白当上了国君，就是齐桓公。而管仲因为帮公子纠与齐桓公争位，得罪了齐桓公，成了阶下囚。又是鲍叔牙向齐桓公极力推荐："管仲是个人才呀，他的能耐比我大多了。如果你想治理好本国，那我还能胜任，如果您想称霸，那非找管仲帮忙不可。"果然，管仲帮助齐桓公成就了霸业。

知己良朋，至为可贵，有友相伴，路遥不知其远。朋友是谋士，是照顾生活的助手，是漫长人生路上的彼此相扶相伴。友情是我们失意怠惰时的绵绵心语或一句痛骂，寂寞烦闷时的欢歌笑语或声声宽慰。而朋友的智慧和激情，则是引领我们的生活积极向上的力量源泉，是让我们的视野变得更加开阔的门窗。

友情，真正两个人在一起，两个人能够互相时刻想着对方，对方开心时为对方高兴，对方痛苦时为对方难过，是在你悲伤无助的时候，给你安慰与关怀；在你失望彷徨的时候，给你信心与力量；在你成功欢乐的时候，分享你的胜利和喜悦。在人生旅途上，尽管有坎坷、有崎岖，但有朋友在，就能给你鼓励、给你关怀，并且帮你度过最艰难的岁月。

真正的友情，是建立在心灵的相互交流之上的，不会因为害怕失去而说出谎言，也不会因为避免伤害而掩藏实情。朋友之间是没有欺骗和谎言的，因为虚假会让友情蒙尘，失去温度。

林芳和张戈是一对好朋友，他们自打第一眼见到对方就很投缘。林芳是一个胆小而又文静的人，张戈的性格和她正好相反，她是一个大大咧咧，却又豪爽干练的女孩。由于在同一个公司上班，又住在同一个寝室，很快她们就成了无话不谈的好朋友。

但是，一件事情却让她们的友情破碎了，那就是林芳升职了。工作中存在竞争本来是很常见的事情，朋友之间相互竞争可以使双方共同进步，原本是一件好事情，但是由于林芳的有意欺瞒，反而断送了一段友情。

她们正式上班半年之后，老总的秘书辞职了，老总打算在底下的职员里面提拔一位，于是向众人下达了这样的意向。在这些职员里面，最具有竞争力的是林芳和张戈，刚开始的时候，她们两个相互打气，说好不管谁做秘书，都不能忘记相互关照，并且升职的一定要请另一个人吃大餐。她们两个合力完成了好几笔漂亮的任务，很得老总赏识，一时之间竟然不能决定用谁，因为林芳谨慎小心，事事都会办得妥妥帖帖，但是胆子太小，必要的时候无法扛起大事；而张戈，虽然有胆识有能力，就是欠缺那么一点稳重和心细。老总决定一锤定音，于是交给她们各自一项任务，谁完成得好，谁就做秘书。

林芳慢慢在心里有了计较，她真的很想得到秘书这个职位，于是开始向张戈隐瞒一些事情，每每张戈问起她工作进程的时候，她总是说假

篇二 亲友篇

153

话。但是张戈并没有发现，还是一如往常地将自己的工作进程报于林芳。林芳听到她有疏漏的地方也不指出，时间就这样不紧不慢地流逝着，规定的任务时间到了。老总当天就宣布林芳担任秘书，张戈十分开心，比自己当还要开心。

但是当她看到林芳的任务企划书的时候，她生气了，因为那里面有好多点子都是自己当时提出的，而林芳提出的，只是比自己的更加详尽点。她向林芳询问原因，林芳却不承认曾经看过张戈的企划案。张戈看着那个无比熟悉的人，却觉得好陌生，职位和利益让这个胆小的林芳变得不再诚实。于是张戈和林芳决裂了。张戈放弃友情的理由就是，如果两个人的心灵已经无法沟通，那么就不算是真正的朋友，一份虚假的友情，什么也不是。

确实，没有人愿意被自己的朋友欺骗，即使是为了一些不得已的原因。正如故事中所讲的，朋友之间没有了心灵上的沟通，那么友情就会变得虚假，就会变得一文不值。珍惜自己的友情，用心灵歌唱，不要让虚假夺走友情的价值。

真正的朋友，两个人在一起相处的时候，感觉到的只有轻松和舒适，因为他们一直都是用心在交流的。可以分担也可以分享。而只有不掺杂任何私欲的友情才能使两个人的心灵得到释放，因为友情之歌只有在心灵之间的交流中才可以唱响。

心语心愿

友情，千百年来就是一个不断流传的话题，但是我们也知道友情的可贵之处就是——交心，只有两个人的友情，建立在心灵交流的基础上，才能够让友谊之树长青。才可以让友情陪伴在我们的人生之路上，为我们驱散忧愁和烦恼。

2. 不要让心灵流泪，"对不起"和"谢谢"创造的奇迹

"对不起"和"谢谢"并不是两个简单的词语，它们的力量是神奇的，可以改变一个人的心境，影响一个人的情绪；也可以让哭泣的心灵停止流泪，让烦躁的人平静。它们是友情最重要的润滑剂，是挽回破裂的友情的灵丹妙药。

面对朋友的帮助，不要吝啬，"谢谢"，会让他觉得帮助你是一件理所当然的事情。在伤害到朋友的时候，也不要在乎颜面，轻轻道上"对不起"，可以让他即将沉入深渊的心情顿时开朗。好好运用"谢谢"、"对不起"，让它们在我们的人生中创造奇迹，让它们为我们的友情加油喝彩。

"谢谢"并不是一句空虚的客套话，在受到朋友帮助的时候，不要以为你们之间的关系很好，就不需要感谢什么之类的话存在。虽然他觉得帮助你其实是一件很常见的事情，好朋友讲义气，那些俗套的虚礼能免就免呗！但是他可以这样想，这样认为，你却不可以，即使朋友之间也不能失了应有的礼貌。说"谢谢"是一种对朋友的尊重，是将他和自己放在平等的地位上的一种表现，因为只有上司认为下属替自己做事才是理所当然的。

杰和军是一对很好的朋友，他们一起上班一起打球，杰是一个很细心的人，但是军就有点大大咧咧了。军很喜欢吃鸡蛋，杰在每次吃饭的时候都会将自己碗里的煎蛋送给他吃，军刚开始的时候有些不好意思，总是推让许久才吃掉。后来慢慢就习惯了，在他的意识里，就是杰不喜

欢吃鸡蛋，把鸡蛋给他只是因为他们是朋友。

后来公司来了一个新同事——强，他比杰和军都要小，很自然成为了众人照顾的对象。杰也很喜欢强，对他更是多方照顾。他们一起去吃饭，强说起小时候家里穷，他曾经偷吃了舅舅家的几颗鸡蛋，就被舅妈责打的事情。杰听后很心疼他，于是这一次，他没有把碗里的煎蛋给军，而是放在了强的碗里，强说了声谢谢之后就大吃起来。但是军却吃不下饭了，就感觉到自己心爱的玩具被抢走一般难受，强抢走了属于他的那个煎蛋，而杰对于强的一声"谢谢"竟然有些激动。怎么会这样？

军看着强和杰走得越来越近，而他却感觉自己越来越不懂杰了，到底是什么东西让他失去了拥有杰的特权呢？他慢慢发现，强虽然年龄小，但是他在受到任何人的帮助的时候，总是不忘记说一声"谢谢"，正是因为这声"谢谢"，很多的人才愿意照顾并帮助他。他终于知道自己和杰走远的原因了。

那一天，是杰的生日，他特意买了一些好吃的，为他庆祝。杰有些感动，两人因为喝了不少酒，都有些醉了。军告诉杰，他有句话想对他说，杰问是什么，军站起来，很郑重地对杰说了一声"谢谢"，那一瞬间，杰的眼睛里忽然亮了一下。之后，杰、军还有强，他们三个成了无话不谈的好朋友，吃饭的时候，杰总是将煎蛋夹给他们两个，他们也会将杰喜欢的菜挑进他的碗里，同时还不忘说上一声"谢谢"。

其实很多时候，朋友对我们好，那是他们表达友情的一种方式，但是我们千万不可以将他们对我们的好当做一件理所当然的事情。一声"谢谢"，可以表达出自己对朋友好意的感激之情，也可以显示出你对他的重视。生活中没有那么多的理所当然，当然，我们最珍视的友情也没有理所当然。"谢谢"可以使我们的友情更加牢固。

"对不起"也不是一种妥协或者让步，而是一种出于内心深处的歉意，是对于自己伤害他人的后悔。当自己无意中伤害到朋友的时候，一定不要忘记说一句"对不起"，朋友也是人，他们也会有感觉，甚至因为和你关系密切，被你伤害之后与常人相比反而更要心痛，这时候道歉是非常必要的事情。不要以为他们不在乎，但是他们在乎你对他们重视的程度。每个人都希望自己对于朋友来说是特别的。

她们是一对很好的朋友，平时无话不说，她性格内向，但是脾气很大；娜热情开朗，性格与她截然相反。但是两个人还是成为了好朋友。她们从来没有红过脸，更甭说是吵架了。

但只因为一个小小的误会，她和娜吵架了。事情是这样的，原来最近由于考试的原因，她的情绪很不好，而娜偏偏在她睡午觉的时候来找她，她本来就有很大的气。就这样，娜无缘无故受到她的一顿暴吼，然后撂下绝交的气话回自己的住处了。她在吼了娜后，忽然就后悔了，觉得自己过分了一些。但是天生的矜持让她没有立刻找娜。娜也故意不理她，每次遇到她后都若无其事地走开，并且还和别人聊得挺欢。她心里不舒服了，找娜主动和好的念头也就一搁再搁了。

她们闹僵，她终究觉得主要过错在自己，于是决定找娜和好。娜的生日快到了，当她带着生日蛋糕来到娜的住处时，娜却一下子跑过来抱住她。她知道娜原谅自己了，但是她还是对娜说了一句"对不起"，娜却哭了。后来她才知道原因，原来娜说出绝交的气话的时候就后悔了，一直等着她主动和好，她却无动于衷。在她生日的那天，娜决定如果她还不主动和好，那就自己去找她和好。谁知她来了，还带了生日礼物，娜哭是因为太过开心了。

从这个故事可以看出，其实朋友之间相处真的很简单，只要一句"对不起"，就可以温暖朋友的心。我们和朋友相处，本来是一个小小的误会，只因为太过倔强，不肯主动向朋友道歉，以至于从此形同陌路，这样的事情想必我们都经历过吧！当真正错过的时候，却已经无法挽回。很简单的一句"对不起"，可以让彼此之间的误解冰释，为

篇二 亲友篇

157

了友情，自己先低头又有什么关系？到底是面子重要还是友情重要呢？失去了面子我们可以重新找回来，但是失去了友情，我们的心灵却会流泪。

不要吝啬"谢谢"和"对不起"，在友情的道路上，我们需要它们的存在。尊重自己的朋友，珍惜我们的友情，让我们和朋友一起在人生的道路上留下精彩的脚步。

心语心愿

有些人错过了就不会再遇见，没有朋友的人生路上充满了寂寞和孤独。不要让自己的心灵流泪，用"谢谢"和"对不起"珍惜我们的所有朋友，和他们一起见证人生之路上的辉煌，和他们分享快乐和忧伤。

3. 沉默只会让心灵负重

虽然有"沉默是金"的说法，但是有时候沉默却会让我们失去一些不该失去的东西。特别是在和自己的朋友发生尴尬的时候，沉默只会让两个人之间产生缝隙，甚至会与其失之交臂。必要的时候，将自己的想法说出来，不要让沉默使自己的心灵负重。

很多人喜欢把"沉默是金"当做自己成熟的标志和为人处世的行为准则，其实也不尽然，因为你不表露自己的思想，你就会失去和他人灵魂互动的平台和基础，别人也不会把你当成推心置腹的朋友。"朋友贵在交心"，你一味地沉默，只会让你的朋友离你越来越远。因为你对人对事不发表自己的看法，长此下去，人家会认为你是非不分，会觉得你刻意隐藏观点，你这人交不透或不可交，其结果是失去了朋友的信任。

　　为人处世谨慎一些是必要的，但是做得太过了，就有点草木皆兵、作茧自缚的"味道"了。而且，这样对自己来说，也太累了。"沉默是金"这是一群胆怯的人为自己找的逃避的借口，沉默就真的是金吗？也许在很久的以前，沉默可以表现出一个人的谦逊与虚心。但在当今社会，沉默也许是断送你光明未来的凶手，是让你失去友情的敌人。

　　梅子和如是一对无话不谈的好朋友，她们总是有说不完的话，都喜欢买好看的衣服，吃一些高热量的零食。她们很庆幸自己一路走来总是有对方陪着，她们毕业后分派到了同一家公司，在同一个部门，当然同住一个宿舍。

　　朋友之间有点小摩擦是常见的事情，但是这次两个人却闹得很僵。老是笑眯眯的梅子脸上失去了惯有的笑容，面对如的时候甚至有点阴阳怪气；如也一改往常轻易赔不是的性子，对梅子的阴阳怪气也嗤之以鼻。其实她们之间本来没有什么，就是如一时口快，在梅子失恋之后将梅子的男友批得一文不值。谁知虽然分手了，这个男友还是梅子的软肋，梅子不许任何人说他的坏话，甚至连最好的朋友——如也不例外。于是如和梅子争执起来，如骂梅子中了那个男子的毒，梅子说如管得太多，以为是自己的好朋友，就可以如此狂妄。结果两个人就闹僵了。

　　梅子因为男友的事情心情不好，明明知道自己理屈也没有向如道歉。而如觉得自己被好友如此说，心里难受也就忍着不理她。一来二去，梅子对于如的不理不睬就有了气，于是事事针对如，而如也就心里更加难受，对梅子更加失望。这时候正好其他部门缺人，说要抽调一个过去，于是如因为赌气，就主动请调。直到她搬走的那一天，梅子也没有主动和她说话，她也没有妥协，于是她们之间的友情就这样在双方的沉默之中搁下了。逐渐变淡，最终有了各自的新朋友，就更淡了。

其实有些事情根本没有必要那么较真，因为相知所以成为朋友，关系好的时候，一个眼神、一个动作，都可以知道彼此的所思所想；但是一旦发生矛盾，千万不要自以为他会懂，因为在乎，所以更容易产生误解。这时候你就要将自己的真实想法说出来，让他知道你的意思，那么误会也就没有了，你们仍然可以是最好的朋友。"沉默"就像一堵无形的墙，要想冲破它，你只需将自己的真实想法大声说出来，如此简单。在友情中，你拥有的将会是一个惺惺相惜的朋友；在人生中，你收获的则是硕果累累的田园。

所以，我们不仅不应该在自己的友情面前沉默不语，更不应该在人生路上三缄其口。"是金子总会发光"那是对敢于争取，不再沉默也不想沉默的人说的。如果你这颗金子深埋在离地三尺处，没有人去挖掘你，那你的人生就于那黯淡的石头一样。你永远也得不到其他金子所有的光辉，只因为你是一块沉默的金子。

如果你一味地沉默，不愿将你的所想所思说出来，那么你的朋友又如何得知你的想法？很多误解不就是在沉默中产生的么？下面的故事就可以告诉我们，在友情面前沉默只会让你失去朋友。

芳是典型的东北女孩，有什么就说什么，直率的个性很受同事的喜欢。琳虽然来自西北，但是她的性子却没有一点北方人的豪爽，反而有点沉默寡言。但是她却很得芳的缘，因为芳从琳对待她的方式中觉察出来琳很喜欢她，所以她很自然地就和琳成了朋友。

她们在一起很多时候都是芳在说，琳在听。对于琳来说，芳是她最喜欢羡慕的对象，她永远那么天真，好像从来没有什么忧愁事。而琳，她自己由于思虑太多，所以很多时候都是不开心的。芳就像一缕阳光，打从第一次见面，就藏在了琳的心里。

朋友之间相处，难免有些磕磕碰碰，琳的沉默寡言，让另一位同事有机可趁。她总是喜欢在芳的面前说琳的坏话，芳刚开始的时候还会为琳辩解，让同事不要乱说。但是她每次将这些事情说给琳听的时候，琳总是淡淡地，从来不为自己开脱。慢慢地，芳也就误以为琳不做任何解释就是默认了。于是逐渐和琳不再那么亲密了。

琳一直以为芳应该了解自己，谁知却因为同事的挑拨疏远自己，于是就抱着随缘的心态对待她和芳的友情。芳有了被忽略的的感觉，于是当着琳的面说琳虚伪，还说自己一厢情愿把人当朋友，结果在人家眼里一文不值……

后来因为一些事情，芳离开了这家公司，直到临走时，都没有和琳说一句话。因为琳的沉默，两个人的友情就这样结束了……

大声地说出自己的想法，在朋友的面前秀出真实的自己，那么你的坦率就是你获得友情的最大筹码。没有人喜欢和一个遮遮掩掩的人做朋友，真正的朋友是不会介意将自己的秘密拿出来分享的。藏着掖着只会让你在朋友面前失去信任，心灵之间的交流才是友情的基础，要是你想拥有真正的友情，那就不要再沉默，先将真实的自己展现在你的朋友面前吧！

心语心愿

生活中友情是最不可缺少的一部分，而沉默却是获得友情的最大障碍。朋友贵在交心，没有人会和一个自己不了解的人做朋友，即使真的做了朋友，那也是因为一些特殊的需求，短暂而不真诚的。不要让沉默使自己的心灵负重，搬开沉默这道拦路石，让我们的心灵唱出一首友情的赞歌。

4. 微笑的心灵是友谊最动听的音符

为心灵唱一首关于友情的歌，每个人的一生中或多或少都有属于自己的朋友，他会陪着你一起哭，一起笑，甚至一直陪着你走过你大半的人生之路。而微笑的心灵是友谊最动听的音符，只有微笑才能让你的友情常在。

有句话说，微笑着的心灵可以奏出世界上最美妙的友谊之歌。微笑总是能够给人带来一种甜蜜的感觉，一种温暖贴心的感动，如果我们想让这种美好的感觉保持得更长久，就微笑着对待自己的朋友吧。微笑不但能够让我们自己感觉到快乐，朋友也会因为我们给予的温暖而快乐。

微笑不分高低贵贱，也不存在雅俗，它是人类的专属品。微笑不用投入太多，也不需要什么成本，没有具体的价码，更不是一种能够交易的商品。微笑是给予别人，映衬自己的心灵语言，是人们美好感情的一种表现，更是人与人之间的心领神会，心灵与心灵之间的互动感应。

微笑可以解救被动中的尴尬局面，是化解无奈的灵丹，是缓冲困惑的妙药。两个正因为某事而产生冲突的人，如果其中一个人露出了微笑，也就减缓了即将发生的紧张气氛，两颗将要爆炸的心也会因此而冷却，不愉快的事情也随之消失；一对刚刚产生了矛盾的伙伴，再见面时如果都感到不好问话，那么用微笑就可以解救他们的关系。

朋友在一起时的自然微笑，是结交的愉悦心情的流露。而朋友分离时送上一分依恋不舍的微笑，则蕴含了言之不尽的美好祝福和无限的牵挂。陌生人在相见时微微一笑，可以减少隔阂，增加信任，放松气氛，临时打造一座沟通的桥梁。

生活并没有拖欠我们任何东西，所以没有必要总苦着脸。朋友之间相互帮助照顾也是很常见的事情，但是一个微笑却可以让他们的关系更加亲密。我们应该对生活充满感激，因为它给了我们生命，给了我们生存的空间，才能让我们有结识朋友的机会，微笑着面对自己的朋友，那么我们的友情将是一首美妙的赞歌。

那是一个上层社会人士聚会的场所，女士们高贵优雅，男士们则个个犹如绅士。他们喝着高级香槟，跳着优美的舞蹈。就在这时候，突然出现了一抹身影，在这个场合中显得那么的不和谐。

他是约翰，一个刚起步的小公司的老板，他为了自己的一笔生意，受对方相约，但是对方并没说在这里在开办舞会。他因为着急谈工作，于是就没有怎么打扮，只穿了平常的牛仔衬衫来到了这个地方。他在门口看到这一切的时候，就有些想打退堂鼓，但是想到他和客户约好的时间，再想到公司确实很需要这笔生意，于是就硬着头皮走了进去。

当众人看到这个外来客的时候，大吃一惊，随即会场的负责人立马喊守卫将他赶走，那个约他谈生意的人面对这一切却无动于衷。他脸上挂着鄙视的笑容，他是有意要羞辱约翰的，因为约翰凭着自己东西质量好，硬是不肯降低价格。于是他就让约翰来这里，想借此警告他，凭他一个小老板，想要跻身上流社会，根本就是妄想。

约翰正要被守卫架走的时候，却有一个人开口了，他是贾。贾注意到了约翰自始至终都保持着微笑，即使被架走，他脸上也是带着微笑，没有丝毫的屈辱感。一个能够微笑着对待屈辱的人，一定不是平凡人，于是贾喊守卫不着急，他微笑着递给约翰一杯香槟，约他一年后在这个会场见面。

约翰的眼里闪过一道光，但是很快就消失了。他笑着告诉贾："一定，一年之后我们再见，我的朋友，谢谢你的微笑！"一年之后，约翰凭着自己的能力，终于成为名噪一时的富豪。当然，他也接收到了上层人士聚会的邀请函。那一天，他遇到了贾，那个不在乎贫贱，肯给予他

亲友篇

微笑，请他喝香槟的人。从此他们成了好朋友，相互扶持，相互帮助，各自事业也是青云直上。

这就是微笑创造的一个奇迹，他让两个陌生人成为了好朋友，让他们一起发展，一起成功。微笑是对生活的一种态度，跟贫富、地位、处境没有必然的联系。一个富翁可能整天忧心忡忡，而一个穷人可能心情舒畅；一位残疾人可能坦然乐观；一位处境顺利的人可能会愁眉不展，一位身处逆境的人可能会面带微笑……

一个人的情绪受环境的影响，这是很正常的，但是我们每天都苦着脸面对自己的亲朋好友，一副和他们有深仇大恨的样子。不仅对我们的处境没有任何的改变，相反，只会让自己更加郁闷，让朋友们都远离自己。如果微笑着去生活，就会增加亲和力，别人更乐于和我们交往，得到友情的机会也会更多。

只有心灵里有阳光的人，才能感受到现实的阳光，如果连自己的心灵都被黑暗占据，那生活中的美好又如何温暖到我们的生活？生活就好像是一面镜子，照到的是我们的影像，当我们哭泣时，生活在哭泣，当我们微笑时，生活也在微笑。

微笑发自内心，不卑不亢，既不是对弱者的愚弄，也不是对强者的奉承。奉承时的笑容是一种假笑，面具是难以长久戴在脸上的，一旦不小心，就会露出真实的面目。微笑没有目的，无论是对上司，还是对门卫，那笑容都是一样，微笑是对他人的尊重，同时是对生活的尊重。微笑是有"回报"的，人际关系就像物理学上所说的力的平衡，我们怎样对别人，别人就会怎样对我们，我们对别人的微笑越多，别人对我们的微笑也会越多。

当朋友误解我们的时候，我们可以选择暴怒，也可以选择微笑。如果要想留住自己的这一份友情，那就微笑着向他解释清楚一切，因为微笑会震撼对方的心灵，显露出来的豁达气度让对方觉得自己理屈。

微笑是人生最好的名片，任何人都喜欢跟一个乐观向上的人交朋友。微笑能给自己一种信心，也能给别人一种信心，从而更好地激发潜能。微笑是朋友间最好的语言，一个自然流露的微笑，胜过千言万语，无论是初次谋面也好，相识已久也好，微笑能拉近人与人之间的距离，令彼此之间倍感温暖。

微笑的实质是亲切，是鼓励，是温馨。一个真正懂得微笑的人，总是容易获得比别人更多的机会，总是容易取得成功，当然他的朋友也不会比别人少。让微笑成为我们人生中最灿烂的阳光，让微笑成为我们友情中最动听的音符，让微笑使我们的心灵不再负重，也只有微笑，才能让友情的歌伴着欢乐飞扬。

心语心愿

友情有时候很简单，只要一个小小的微笑，就可以让对方感受到温暖，感受到鼓励和关怀。微笑是发自内心的，所以是一种心灵上的交流。拿心灵谱曲，让友情的歌声伴随我们走过风风雨雨。

5. 做个心灵的守护者，宽容是最大的救赎

友情是需要用心灵去守护的，朋友之间发生矛盾也是很常见的事情。当矛盾发生的时候，各不相让只会伤害彼此的感情，这时候宽容就是友情最大的救赎。"退一步海阔天空"，面对友情，我们没必要斤斤计较。

宽容是最美丽的一种情感，宽容是一种良好的心态，宽容也是一种崇高的境界，能够宽容别人的人，他的心胸像天空一样宽阔、透明，像

大海一样广浩深沉。在和朋友发生争吵的时候，宽容彼此的过错，这样友情才会更加牢固。

我们在社会的交往中，吃亏、被误解、受委屈的事总是不可避免地发生，面对这些，最明智的选择就是学会宽容。它不仅包含着理解和原谅，更显示出一个人的气质、胸襟、坚强和力量。

仇恨是一把双刃剑，报复别人的同时，自己也同样受到伤害，所以"冤冤相报"的结果往往是"两败俱伤"。心中装着仇恨的人，他的人生是痛苦而不幸的，只有放下仇恨选择宽容，那纠缠在心中的死结才会解开，心中才会出现安详和纯净。恨能挑起事端，爱能征服一切。生活中我们每个人难免与别人产生摩擦、误会，甚至仇恨；这时别忘了在自己心里装满宽容。宽容是温暖明亮的阳光，可以融化人内心的冰点，让这个世界充满融融暖意。

宽容是人和人之间必不可少的润滑剂，也是朋友之间相处必不可缺的。它和诚实、勤奋、乐观等价值指标是一样的，是衡量一个人气质涵养、道德水准的尺度。宽容别人是对对方的一种尊重、一种接受、一种爱心，有时候宽容更是一种力量。宽容本身也是一种沟通、一种美德。假如生活中，我们受到了不公平的待遇或是自己身边的人做错了什么，千万不要生气，愤怒会让你失去理智，而应该学会宽容，宽容地对待一切。

宽容并不等于懦弱，而是在用爱心净化世界，绝不是含着眼泪退避三舍。宽容不是天平一端的砝码，不停地忙碌，维持着不断被打破的平衡，而是人世间永恒的爱与被爱。投我以木桃，报之以琼瑶，把宽容插在水瓶中，她便绽出新绿；播种在泥土中，她便长出春芽。学会宽容吧，互相宽容的朋友能够百年同舟；互相宽容的夫妻可以千年共枕；互相宽容的世界一定会充满和平美丽。

小屏和小林吵架了，只因为一件小小的事情，就是有人告诉小屏，小林在众人面前说小屏的坏话。这种挑拨离间的事情，小屏在电视上看得多了，所以起初不怎么在意，但是当一个同事将小屏的秘密说出来的时候，小屏愤怒了。因为她只对小林说过这件事情。于是她直接走到小林面前，只丢下"骗子、虚伪"这样的两个词就走了。

小林被小屏的话弄蒙了，不知道发生了什么事情。她们是一对好朋友，上大学的时候睡同一张床，后来毕业上班了，也在同一个公司，住同一个宿舍。关系密切得连她们的男朋友都嫉妒，因为她们总是喜欢在一起，所以在谈男朋友的时候，也是四个人一起出去玩耍的。很多时候，两个男孩子都会被晾在一边，因此也有很多的男孩子因为受不了她们的忽略，也就相继离去。这次就是小屏的前男友故意教唆自己的现任女友——小屏的同事，搞出的事情。

小林无意中听说那个在小屏面前说自己坏话的同事的男朋友是某某，于是去问那同事，为什么要挑拨离间？那同事倒是很大方地承认，自己这样做就是为男友出一口闷气的，现在看来她的计策成功了，她得意地笑着离开了。小林顿时有种抓狂的感觉，她真想前去摇醒整天对她阴阳怪气的小屏，然后骂她一声"笨蛋"，但是她没有。她知道小屏的倔脾气，除非将事实摆在她的眼前，否则她是不会妥协的。

于是小林依然和之前一样对待小屏，但是小屏却骂她惺惺作态，小林每每只是一笑置之。终于小屏的前男友忍不住了，他主动给小林打电话，将自己和女朋友的诡计和盘托出，然后，就是不断地嘲笑。小林等的就是这个机会，她将他所说的一切都录了下来，然后拿给小屏听。小屏对自己交过的男友的声音自然是很熟悉，当她知道一切后，立马就去找那个男的，然后将他和那个女同事大骂一通。两人自知理亏，也就灰溜溜地没有开口。

小屏再次面对小林的时候却有些不好意思，觉得自己太过分了，还说了那么多冷嘲热讽的话刺激小林，她第一次说了"对不起"。小林却笑笑，她拍着小屏的肩膀告诉她，她刚开始的时候，有怪过小屏，但是她知道争吵只会让友情出现裂痕，于是她想到了小屏曾经对自己的好，就忍了。小屏笑了，她们还是那一对无话不谈的好朋友。

宽容包含着人的整个心灵，宽容可以超越一切，因为宽容需要一颗博大的心。宽容是人类情感中最重要的一部分，这种情感可以融化心头的冰霜。

宽容是一种无声的教育，唯有宽容的人，他的信仰才更真实。那种不求回报的给予是最为难能可贵的，因为它以爱和宽容为基础，要取得别人的宽恕，就首先要学会宽恕别人。宽恕对你犯错误的那个人，也是宽恕自己的表现。

生活需要宽容，在生活中每个人都会有不如意，每个人都会有失败，当你的面前遇到了竭尽全力仍难以逾越的屏障时，请别忘了宽容是一片宽广而浩瀚的海，它能包容一切，也能化解一切，会带着你，你跟随着它就可以跨越一切的艰险。

我们的友情需要宽容，尽管是无话不说，知根知底的好朋友，有时候难免也会出现一些小摩擦。如果双方都争执不休只会让彼此受伤，倒不如暂时忍一忍，等到平静的时候，再合力将误会化解，这样不仅不会伤害友情，还能让两人的关系更加密切。在友情中，做个心灵的守护者，让宽容成为我们人生中最大的救赎；而友情，也正是在两个人相互谅解和宽容相待中逐渐演变成一种人世间最珍贵的感情的。

心语心愿

用宽容守护自己的友情，只有在宽容中，友情才能找到自己的位置，也只有在宽容的包涵下，友情才不会只是轻飘飘的一句空话。用真心去对待我们的朋友，让两颗心一起舞一曲友情之歌。

6. 为心灵找个起飞点，分享可以增进友爱

只有可以拿来分享的欢乐才是真正的欢乐，分享可以增进两人的友爱。为我们的心灵找个起飞点，让我们的友情乘着分享的翅膀，在我们的人生中留下最绚丽的一笔。

分享并不是剥夺，也不是占有，而是在平等地位上的一种共同拥有。在现代社会，有很多人喜欢朋友替自己分担痛苦，但是面对快乐，他们却不希望朋友参与，因为他怕朋友会抢走一部分的快乐，使他不能尽享。这其实是一种错误的想法，快乐如果分享，一个快乐就会变成多个，自然会更快乐。

"一个人的快乐不算快乐，众人的快乐才是真的快乐"。一个不懂得分享的人，他永远只能生存在自私和自利的旋涡之中，他唯一的伴侣就只有孤独。他就会因为自己的自私，不自主地将靠近自己的人冻伤，将靠近自己的友情吓跑。因为他们的内心是孤独的，他的心灵里面住的是一个自私的魔鬼。而友情只是他成全自己的一种方式，朋友仅仅是受他利用，帮他做事的一种工具。

一个自私的人有很强的嫉妒心，在他的心目中永远只有自己，根本不能容纳别人。如果谁的本事比他强，取得的成就比他高。甚至在容貌、身材方面都超过他，嫉妒就会让他寝食难安，十分难受，于是他会想尽一切办法诋毁、诬陷、为难那些比他强的人。

不要让社会将自己变成一个处处只想着自己的"自私鬼"，也不要因为自私让自己变得孤立无援，相互帮助才会让人和人之间充满温暖，同样我们的友情也需要这样的温暖。任何时候，都不要忘记自己不仅仅是一个人，还是一个拥有上天赋予的热情和善良的人，一个被孤立的人

就像是离群索居的野兽，即使它再强大，也会被残酷的自然环境伤害，也会被那些比它弱小的野兽围攻。只有打开自己自私的心墙，才能拯救自己走出孤独，才能让友情在分享的滋养下结出果实。

他是一个很有钱的老人，但也是一个极度自私的人。可以说命运对他真的很眷顾，他凭着多年的独自努力，终于使自己从一无所有的流浪汉成为富甲一方的有钱人。他极度爱惜自己的钱财，为了不让自己的钱财失去，他没有娶妻子，当然更不会有孩子，因为妻子和孩子都会分掉他的一部分钱财。他无法容忍别人碰触自己的钱财丝毫。他没有任何朋友，所以从来都不知道分享的快乐。

他病了，躺在自己破旧的床上，身边堆满了金钱，但是他却已经无法拿着他的金钱去买食物吃了，因为他病得连床都下不来了。他虽然很有钱，但是他住的房子却很破旧，里面的老鼠大概因为饿极了，于是不断啃食着堆放在老人身边的金钱。甚至有一只老鼠，久久地盯着老人只剩皮包骨的身躯，似乎盼望着他早点断气，好用来填饱它饥饿的肚子。

一个小孩子将足球不小心踢进了老人的院落。他跑进来捡，因为好奇他朝屋里探了探，结果眼前的景象让他大吃一惊，那些老鼠已经不肯再吃金钱了，它们正聚在老人的脚边，津津有味地啃着他的腿呢，估计过不了多久，这个老人就会被它们整个吃掉。

老人已经病得神志不清了，那个孩子迅速地赶走老鼠，然后飞快地跑到家里，为老人找来了一些吃的。老人终于有了精神，他看着那个穿着朴素的男孩，知道他是穷人家的孩子，于是第一次他拿了身边的几张没有被老鼠啃坏的金钱，给了那个男孩子。男孩愣了愣，接过钱跑开了。老人知道，这个男孩帮他就是为了钱，那些花花绿绿的纸片，真不是一般的好东西啊！但是很快男孩子就回来了，他带来了一位医生，还买了好些吃的东西。他把剩下的钞票还给了老人。

老人震惊了，他终于意识到，其实有很多人并不是和自己一样的。

在生死的边缘打了一个转之后，老人变了。他和男孩成了忘年之交，在男孩的欢笑声中，他终于体会到了比拥有金钱更多的快乐。他死后，将所有的财产都给了这个男孩，因为是这个男孩子将他从自私的地狱中拯救了出来，在他垂垂老矣的时候，让他知道了分享的快乐。

分享其实是一种心甘情愿的给予，是将自己的欢乐放大。它不仅是我们人生道路上的一笔财富，也是增进友情的良药。自私并不可能让一个人增加更多的财富，也不可能将他一路无阻地送到成功的彼岸。它只会让我们的心灵陷入更深的冷漠之中，会让我们在失去朋友的时候也迷失自己。一个只在乎自己利益的人，他的利益最终也会离他而去。

学会分享，在分享中让友情更加坚固。分享对我们来说真的很重要，它主要有以下几方面的好处：

(1) 分享会放大快乐，缩小忧伤

人生中出现一些不如意的事情也是很常见的，特别是在和朋友的相处中，因为彼此在乎，所以彼此都会受到对方情绪的影响。开心的时候，分享会让彼此的心情更加畅快，伤心的时候，分享会让忧伤变淡，至少两个人的肩膀要比一个人的肩膀有力。

(2) 分享可以让朋友之间的关系更融洽

都说朋友贵在相知，每个人都喜欢朋友在自己面前是透明化的，也就是不管是在遇到麻烦或者碰见高兴的事情，自己都是第一个知道的。而分享正好可以完成这个愿望，用分享表示出对对方的在意，这样他们之间的关系就会更加融洽。

(3) 分享在必要的时候也可以解除误会

因为长时间都在一起，朋友之间产生一些小误会也是很常见的事情。不要因为小误会而改变对待对方的方式，该让他知道的事情就让他知道，自己的快乐该分享的时候，就让他感受到。这样会让他感觉到你的善意，那么小误会也就会随之消失。

其实朋友之间也就是那么点事情，都喜欢对方在意自己，把自己当成特别的那一个。只要你知道了他的心思，而他分享快乐忧伤，那么在心灵的沟通之下，友情自会长久存在。

心语心愿

分享可以温暖朋友的心灵，化解彼此之间的误会，拉近两个人的距离。友情需要用心经营，用心呵护，找到心灵的起飞点，让友情抛下一切的负担，在人生的天空自由地飞翔。

7. 倾听心灵的声音，相信就是支持

相信一个人就是对他最大的支持，朋友之间需要相互信任，只有建立在信任的基础上的友情，才不会在一些小小的误会之中消失。而一份没有信任存在的友情，也只是一句空话，一种徒有其表的形式。

任何感情无法在怀疑中正常的发展，因为怀疑就像是一条盘踞在人们心头的毒蛇，它时不时地释放出毒素，这些毒素不仅让自己忐忑不安，而且也会伤害到他人的感情。将一个人当做朋友，那就一定要相信他，通过自己的心灵去正确而客观地评判他的一言一行。

信任并不是盲目的，它是一种心灵上更深层次的认可，因为是朋友，所以要比其他人更加了解他。不会因为别人几句挑拨离间的话就疏远他，也不会因为一些捕风捉影的事情就怀疑他。因为相信，才让友情变得可贵，因为相信，才让朋友之间的关系更加密切。

有这样一句话"信任你不需要理由"，乍一听觉得这两个人的关系真是铁啊！确实，相信才是友情的最高境界。

大约在公元前4世纪，意大利有个叫阿斯的年轻人，因为无意中冒犯了国王，所以被判绞刑，决定在将来的某一个日子里执行。阿斯是一个孝子，在临死之前，他希望能与远在千里之外的母亲见最后一面，以表达他对母亲的歉意，因为他不能为母亲养老送终了。

他的这一要求被有心人告知了国王。国王感念他孝心可嘉，于是同意阿斯可以回家与母亲相见，但有一个条件：那就是必须找到一个人来替他坐牢，否则他的愿望只能化为泡影。这是一个看似简单其实近乎不可能实现的条件。有谁愿意冒着被杀头的危险替他人坐牢？只有傻子才会做这种事情。但是确实就有这么一个傻子出现了，他愿意替阿斯坐牢，这个人就是阿斯的朋友蒙达。

蒙达进入牢房以后，阿斯就立刻赶回家与母亲诀别。人们都静静地关注着事态发展。时光如梭，眼看行刑的日子就要到了，但是还没有阿斯的身影。一时之间，人们议论纷纷，都说蒙达上了阿斯的当了，阿斯肯定是逃跑了。而蒙达依然安心地待在牢里，照样吃吃睡睡，一点担心的样子也没有。

行刑那天，天上下着大雨，当在达被押赴刑场的途中，有很多围观的人都在笑他愚蠢，等着看他笑话的人更是数不胜数。但是刑车上的蒙达，不但面无惧色，反而有一种慷慨赴死的豪情。追魂炮被点燃了，绞索也已经挂在了蒙达的脖子上。有一些胆小的人早已吓得紧闭双眼，他们在内心深处为蒙达深深地惋惜，并不断咒骂着那个出卖朋友的小人阿斯。但是，就在这千钧一发之际，阿斯趁着风雨飞奔而来，他高声喊道："等一等！我回来了！我回来了！"

这真正是人世间最感人的一幕。所有的人都齐声高喊起来，刽子手甚至以为自己身在梦中。消息传到了国王的耳中，国王将信将疑地急急赶赴刑场。最终，国王被两个人之间的友情所感动，亲自为蒙达松了绑，并当场赦免了阿斯的罪行。

古今中外，有关朋友的解释有千种万种，但是这个故事，却告诉我们朋友的含义就是：信任。相信就是无言的支持，因为相信，所以从来不会在他面前弄虚作假；因为相信，所以才会将心里的秘密全部吐露；因为相信，所以在他做任何事情的时候，都表示支持。信任是一种心灵友好的传播，可以让对方获得信心，哪怕是在风雨飘摇的穷途末路，也能在那份相信中获得重生的力量。

生活需要我们真实地面对一切，朋友需要我们的信任和支持。信任可以拉近两人之间的距离，信任可以让两颗陌生的心灵慢慢靠近，信任可以让我们的朋友感受到友情的温暖。"刎颈之交"，是说两个人之间的友情的，是一种可以交换性命的交情，要是没有相信作为前提，谁敢把自己的性命交在别人的手上？

信任可以增进两个人之间的感情，同样信任也是我们生活或者工作中必不可少的因素。很多人还是很希望获得他人的信任的，因为信任是对一个人的肯定，是对他的能力或者品质的认可。你信任一个人就是对他的一种赞美。

信任就好像是横架在朋友之间的一座关于友谊的桥梁，它是任何东西也无法替代的。没有信任作为基础的友情，就好像是一座没有打好地基的房子，是经受不住风吹雨打的。与朋友相处，最好的方法就是信任他。如果能够将信任注入两个人的友情，那么这份友情就会经得起考验，才称得上是真正的友情。

信任，是朋友之间相互沟通的纽带。因为有信任，所以在分享和分担中，朋友才能够体会到彼此的人生味道；因为有信任，所以在帮助和被助中，朋友才知道同生共死的豪情；因为有信任，所以在分离与再见中，朋友才体会到了杨柳依依的送别之愁。信任就像是一股感情之波，只有它，才能够在人生的琴弦上震荡出友谊的旋律。

信任是和朋友相处的真谛，也是对朋友最大的支持。想想我们平时，因为朋友或者他人的信任干过的看上去有点傻的事情应该也不少吧？这一切都是为什么呢？答案就是不辜负信任。这份信任是来自心灵的一种声音，就好像是黑暗中明亮的火把，不仅照亮我们的人生之路，也照亮了我们的友情之路。

心语心愿

信任是一种美好的愿望，也是对友情的一个肯定。因为我们是朋友，所以我信任你。倾听自己心灵的声音，不要让友情在怀疑中失去温度。信任我们身边的人，不要让冷漠拒绝他人的好意。这样自己才会活得更快乐，更轻松。

8. 主动地低头可以让心灵这样轻松

主动低头并不是抛弃自己的尊严，也不是低声下气地哀求，而是表现出了自己的在乎，表现出了对朋友的珍惜。低头，有妥协的意思，但是妥协并不是说自己错了，而是对友情的妥协。面对友情，情愿放弃自己的坚持，因为友情是来之不易的一份感情。

低头并不意味着不把自己当人，或是低人一等。而是在和朋友争执后的一种退让，是一种做人的风度。一个成功的人，他不会一直将自己的头高高昂起，因为只有那些目中无人的自大狂才会拿自己的鼻孔看人。他懂得适时地低头，表示出自己的退让，当一个强者低下自己的头的时候，给人们的是一种震撼，是什么让他愿意放弃自己的骄傲，那就是友情，对朋友的重视和珍惜。为了朋友，他愿意放下自己的骄傲和坚持。

世界上最值得珍惜的就是友情，最值得留恋的就是朋友。在很多的情况下，低下头来，是一种聪明和智慧，也是一种大度和从容。

有些人做任何事情的时候都喜欢为自己找一个理由，如果真的要为低头找个理由的话，那么我们不妨来听听：在生活面前低头，是因为自己受不了生活的压力，所以情愿低头做个懦夫；在事业面前低头，是因为自己的能力无法胜任工作，所以宁可低头做个失败者。那么在友情面前低头，有理由么？当然有，理由就是：我珍惜自己的朋友，所以我情愿在适当的时候低下头，做一个惜缘人。

相识就是有缘，而朋友是在相识之后，再进一步相知才成为朋友的。没有人愿意失去和自己一起欢笑，一起哭泣的朋友。如果友情真的需要我们低头的时候，我们应该义不容辞地放弃自己的坚持和高傲，低头将那一份友情留住。

他是一家大型企业的主管，站在成功者的舞台上，他和别人不一样的是，他有一个属于自己的朋友，这个朋友曾经对他不离不弃，即使他当时因为金融危机身无分文的时候，他也没有抛弃他，而是无条件地给了他帮助。这让他一辈子也无法忘记，不管走到哪里，他都很庆幸自己有一个这样的朋友。

每年他都会带着一瓶朋友喜欢喝的好酒来到朋友的家中。面对朋友的时候，他也就不再是叱咤风云的商海传奇人物，而是一个普普通通的人，在朋友家的饭桌上，他们从来只谈家常。一杯酒，一句话，透出来的都是实诚。

有人问他，"你这一辈子，有没有低过头"，他说有。很久之前，他发誓永远不要低头，所以他通过努力得到了一切自己想要的东西。财富、权力、地位，但是正是因为他不知低头，在金融危机中败得一塌糊涂。他因为不低头，所以从来没有在乎过任何一个人，也就是他没有真正的朋友。

176

那些面临即将破产的日子里，他打遍了所有合作伙伴的电话，请求他们帮助自己。但是他们全拒绝了，有的甚至还嘲笑他。就在他一筹莫展的时候，妻子拿来了一个电话号码，这个电话号码写在一张皱巴巴的纸条上。他的脑海里浮现出一个模糊的影像，但是那个人一双真诚的眼睛，以及低头说话的模样让他记忆犹新。是那个说话很拘谨的人，他们曾经是合作伙伴，但是合作一次之后，他认为那个人不是一个干大事的人，因为他连一张名片都没有。于是十分草率地将他的电话号码记在了一张纸条上，为此他还特意讲给自己的妻子听，让她听听这个人有多么可笑。

他抱着试一试的态度拨了那个电话号码，谁知对方接起后，却十分开心，他说自己等他的电话很久了。于是那个人尽自己的一切能力帮助他渡过了难关，终于他重新站在了成功的舞台上。他的身边还多了一个人，这个人重新使他复活。在众人的面前，他第一次低下了头，对着那个人说了一声"对不起"，紧接着是一声"谢谢"。所有的歉意和感激，都包含在这两句话中。他学会了在友情面前低头，是他对朋友的感激，也是他对朋友的在乎和尊重。

在自己的朋友面前低头，对他表现出自己的让步和在乎。这并不是一件让人觉得屈辱的事情，相反，却是做人的一种豁达和宽容。人非圣贤，熟能无过。错误有时会对别人造成伤害，这时候只有低头才能弥补。低头表示出对自己所犯错误的歉意，表示出对受伤者的忏悔。低头不是屈辱，而是应该付出的代价。所以，不要认为在错误面前低头是一种懦弱的表现，一个明明错了却不知悔改的人，永远不会受到成功的青睐。

有人说牙齿和舌头再亲近还是有发生矛盾的时候，更何况是两个人呢？即使是最好的朋友，也可能会因为一些小小的事情发生摩擦，不是

篇二 亲友篇

你误解了他的意思，就是他以小人之心曲解了你的好意。如果这件事情真的是自己错了，那么低下头来，向朋友道个歉，那么一切都不解决了吗？一个主动的低头，就可以消除两个人之间的隔阂，何乐而不为啊？

低头并不是向某个人妥协，而是向他们之间的友情妥协。很多时候，都听到很要好的两个人向别人介绍对方的时候说"我们是过命的交情"。连自己的性命都可以交给对方，那么向对方低头又有什么难的？更何况低头的理由只为两个字——友情。因为是朋友，所以没必要在他的面前故意摆高姿态，友谊首先是建立在平等的基础上的，我们没必要因为一些微不足道的理由而让两个人之间产生隔阂，让彼此的心灵负重。

心语心愿

一个人的心灵太过负重，他就无法在自己的心中为友情留下空间。只有适时地主动低头，才能让心灵不再沉重，才能让友情不会因为一些微不足道的小事情而消失。在低头中珍惜自己的朋友，让友情使我们的生活享受零负担。

篇四 情感篇

■ 第七章　带心灵跳一段华尔兹
　　　　　——让爱情没有负担
■ 第八章　与心灵共鸣
　　　　　——让你找到婚姻的藏宝图

第七章 带心灵跳一段华尔兹
——让爱情没有负担

最感人的是亲情，最值得珍惜的是友情，那么爱情就是最难以忘怀的。爱情，虽然两个人流着不同的血液，但是它比"血浓于水"的亲情更深刻；爱情，虽然没有生死与共的经历，但是她比"千金难买"的友情更珍贵。爱情是刻在心灵最深处的一种感情，可以深入一个人的骨髓，可以让一个人毫无条件地为其付出一切。

爱情是需要经营的，它是两个人的事情。只有用自己的心灵呵护、浇灌，才能让它结出果实。爱一个人，可以轰轰烈烈，也可以平平淡淡，但是爱情并不是一件平淡的事情，它是一种生命的交付。爱情，是一个人累了的时候，停驻的港湾。玫瑰是它的代言人，有刺但充满诱惑。如何经营自己的爱情，就看你能够将自己多少的心血倾注其中了。只有没有负担的爱情，才可以在心灵的引导下跳出绚丽的华尔兹。

1. 分担心灵的承载，悲伤和快乐可以拆分

爱情并不是一个人的事情，因为相爱，而要面对一些不得已的压力的时候，千万不要一个人独自承担。因为爱情只有在相互分担之中，才可以体现出它的美丽和可贵。

爱是一种两情相悦的吸引，是心心相印的维系。爱是建立在彼此尊重、理解的基础上的，爱情是两个人的事情，只有爱情，才可以分担心

灵的承载；只有爱情，才能将快乐和悲伤拆分。使快乐变大，使悲伤变淡。

爱一个人是不需要理由的，爱情不需要前提，也不需要什么条件，它是无法用金钱买到的东西，也不是三言两语就可以否定的东西。爱需要两个人分担，爱他（她），所以愿意承受他（她）的一切，包括快乐和悲伤。只有在相互分担和相互理解中，两个人才能让爱情变得更加真实，只有经得住考验的爱情才是值得珍惜的爱情。

或许有人会说，我爱她（他），所以我情愿一个人承担所有的悲伤，将所有的欢乐都留给她（他）。但是，你却不知道，只要是处在恋爱之中，恋人的每一个细微的表情都逃不过对方的双眼，你本来是一片好心，但是却无意中会给对方一种不被信任的感觉。明明说爱她（他），却有一些事情上还是隐瞒着她（他）。爱情并不是一个人的独角戏，在爱情中，最好不要逞个人英雄，让对方知道自己的想法，遇到难事的时候告知对方，让对方帮自己分担，不仅可以增加她（他）对你的信任度，甚至还可以使两个人之间的感情升温。

没有分担的爱情，就好像是昙花，初现时虽然动人心魄，但是存在的时间却很短暂。相爱不容易，但是分担更能增进彼此的了解。爱人，不仅仅是用来呵护疼爱的一个人，他（她）也是那个可以陪伴你走一生，陪你一起面对风霜雨雪，可以分担你的忧伤快乐的人。

珊珊和林子是一对恋人，珊珊是城里人，家庭条件很不错，林子却是一个小县城里的孩子，虽然父母都有工作，但是家中的日子过得并不怎么富裕。珊珊的家人很反对他们在一起，林子的家人因为珊珊老是摆大小姐架子而不怎么喜欢她。双方的父母都劝两人分手，但是他们却坚持不肯。对于家人的反对，也不知道出于什么原因，两个人都选择瞒着对方。他们还是像往常一般在一起，一起上下班，一起吃饭……

但是慢慢的，两个人发现不管是他们中的任何一个人接到家里打来的电话的时候，都会不自觉地避开对方接听。等到讲完电话的时候，彼此总是显得很尴尬，就好像做了什么亏心事似的。两个人这样遮遮掩掩地过了一般时间之后，终于发生了一次争吵，在争吵中，知道了彼此的心事，也知道了横亘在他们爱情之间的最大障碍。这个障碍不是双方父母的反对，而是两个人都不愿意让对方替自己分担压力，所以他们很自然地选择了分手。

爱情是一份承诺，更是一种分担。爱一个人，就不应该将他（她）排除在自己的生命之外，因为爱人就是拥有参与我们人生的特权。悲伤的时候，拥抱可以温暖彼此的心灵；快乐的时候，两个人可以将欢乐大声呼喊出来。一起分担心灵的承载，让悲伤和快乐在拆分中找到各自的终点。

因为爱一个人，所以愿意为他（她）分担生活中的一切。孤单的时候，分担可以将藏在心灵深处的寂寞驱散；失望的时候，分担可以让对方重新鼓起勇气找到希望的理由；悲伤的时候，分担可以将盘踞在心头的忧伤变淡；高兴的时候，分担更是可以将所有的欢乐聚集在一起。爱情不仅需要长相厮守的海誓山盟，还需要相濡以沫的分担相持，只有在分担中，才可以将爱情的滋味品尝完全。

他们是一对恋人，她喊他包子，他喊她小包，那就用包子替代他，小包替代她吧。包子是典型的南方男孩，但是清秀的他却天生一副北方男子的火爆脾气。小包是北方女子，却长得清秀文静，脾性也很温和。他们在一起三年多了，感情却依然好得让人羡慕。

那一年小包决定带包子回家见家长，但是她的爸爸在她快要回家的时候，却发信息让小包一个人回家。那天，小包看了短信之后，就哭了，坐在车来车往的飞机场边放声大哭。包子久久不见她回来，就出去找她，结果发现正在大哭的她，就问怎么回事。小包抽抽噎噎地将事情说给他听，包子听后只是紧紧地抱着她，良久才说，如果小包想回去就一个人回去吧。包子知道小包已经整整一年没有回家了。但是小包却坚定地告诉包子，自己不会丢下他一个人。于是，小包和包子两个人第一次在外边过了春节。他们知道，只有对方才是彼此最值得守护的人，因为他们懂得分担，懂得让对方知道自己的心声。

之后相处的日子里，不管遇上什么开心或者不开心的事情，他们都会说出来让对方知道。包子喜欢看小包为他出主意时绞尽脑汁的样子，而小包遇事也喜欢让包子说说他的想法。就这样，他们分享着彼此的快乐，分担着彼此的忧伤，感情越来越好。而小包的家人看包子对自己的女儿好，于是也就不再反对他们在一起。

相爱的两个人在一起就是一种心灵上的彼此交换。在分担中，将快乐和悲伤拆解，那么悲伤也会变成一种快乐。相爱，不就是为了能够长久在一起吗？相爱的人，没有一对不希望能够天长地久的。但是，只有能够同甘共苦，相互分担的爱情才可以让彼此在爱情的道路上走得更久。

心语心愿

爱情需要分担，没有分担的爱情就好像是开在温室里的花朵，只要一遇到风雨，就会香消玉殒。而有分担的爱情，就像是遍地可见的小草，风雨越大，它的生命力就越顽强。在爱情中学会分担，让我们的心灵不再负重。

2. 用爱建造心灵停驻的港湾

一份没有爱的感情，仅仅是冲动和激情之下的产物，随着激情的消退，这份感情也会逐渐变淡，直至消失。因为没有两颗心灵的相互依恋，所以这样的感情不算爱情，因为没有爱，爱情就不会完整。

爱就好像是漫漫冬日的一束阳光，能够驱走人们心中的寒冷，能够让挣扎在生死边缘的人感受到生活的希望；爱是长途跋涉的探险者寻找的宝藏，让毫无目标的人重新鼓起高昂的斗志。爱是一首歌谣，飘荡在寂寞的夜空，使孤苦无依的人得到心灵的慰藉；爱是盼望已久的甘霖，洒落在人们干涸的心田，让枯萎的灵魂得到情感的滋润。爱没有国界，不分等级。

　　因为时代的不同，现代人的爱情观也是各不相同，有个词叫做爱情快餐。相信每个人都知道什么是快餐吧，就是先将所有的饭菜都做好，然后只要给钱就可以吃的那种，很快，去得早的话，遇上刚出锅的，很烫；去的晚了，就只能吃凉的了。现代人的爱情就是这样子，往往都是迫不及待地想要摘取爱情的果子，有的人因为果子涩，咬一口就丢掉；而有的人因为疏于护理，果子烂了，也就随手扔掉。他们的爱情只讲究速度，从来不肯用自己的爱心去等待或者呵护这颗果子。所以现代人的爱情变得越来越廉价。

　　爱情本来是很神圣的东西。繁体的"爱"写作"愛"，可以看出是将"心"放在了"友"上边，是比友情更加珍贵的东西。我们尚且能够珍惜自己的友情，那么为什么却不能珍惜自己的爱情呢？

　　没有爱呵护的爱情，就好像夏日的蔬菜，它们有一定的保鲜期，只要保鲜期一过，就会变成一文不值的烂菜叶子。如果没法将自己的爱融入爱情，那么就不要轻易说爱，不要让虚伪和肮脏玷污了爱情的纯洁和高贵。

　　有一个男孩很爱一个女孩，他们都到了结婚的年龄。于是男孩向女孩求婚，女孩问："你有车吗？你有房吗？"男孩子惭愧地低下头，然后回答："没有"，随即他抬起头，用双眼热烈地看着女孩"但是我有一颗爱你的心，这颗爱心可以让我们的爱情长久，可以让你成为世界上最幸福的妻子！"女孩拒绝了男孩的求婚，告诉他，等有车和房子了再来吧。

男孩黯然地离开了女孩的家，他去了一个遥远的城市，用了三年的时间，他回来了。这回他带着房产证，开着宝马来到了女孩的家门口。看到女孩，他说："现在，我有了车子、房子，你可以嫁给我吗？"女孩开心地点点头，她觉得自己是世界上最幸福的人。

但是好景不长，结婚三年还不到，男子就在外边有了情人，女孩发现之后，质问他为何如此对待自己。难道忘记了曾经说过的话，说让他们的爱情长久，让她成为世界上最幸福的妻子吗？面对女孩的质问，男子懒懒地说："那是我第一次向你求婚的时候说的，那时候我确实这样保证过，但是你拒绝了我一颗爱你的心。你是我用车子和房子换来的，所以我只要供你吃住就可以了。"女孩哭了，她终于知道自己错在哪了，她原本以为，他给她房子、车子是因为还爱着她，放不下她，只要她嫁给他，她就可以一辈子幸福。谁知，她的拒绝却让他对她的爱没有了心，所以他所做的一切都只是征服，当新鲜感一过，那就什么都没有了。

读了这个故事，我们可以看出爱情没有了爱心就会变得什么也不是。刚开始的时候，男孩子只有一颗爱女孩的心，但没有房子和车，所以女孩拒绝了他的求婚；三年之后，男孩子有车有房，却没有了爱女孩的心，女孩却答应了他的求婚。这一段用车和房换来的爱，因为没有心，所以很快就消失了。到底什么是真正的爱情呢？估计有很多人都想知道答案吧！

其实，这样的故事正是我们现实中很常见的事例。现在很多女孩子在追求自己的爱情的时候，物质已经成了主要的因素，即使两个人爱得死去活来，一旦没有了优越的物质享受作基础，那么说"拜拜"是很常见的事情。真不知道，现代人所谓的爱情到底是感情还是房子、车子啊？

物质虽然很重要，但是那是可以通过努力奋斗得到的东西；而爱情并不是通过努力就可以得到的，因为它是无价的，爱情有时候并不需要理由，那是一种刻在心底的喜欢，可以为其牺牲一切的感情，只有在爱

篇四 情感篇

185

心的呵护和浇灌下，才能开花结果。只有爱心才可以让爱情永恒！

有人说爱情是心灵停驻的港湾，而这个港湾只有两个相爱的人用爱心共同筑造才会让人觉得温暖。车子、房子并不是爱情的必需品，也不是评估爱情分量的标准。相爱的两个人，他们即使身无分文，在一起也能够感觉到很幸福快乐，因为，彼此的爱心让他们的感情超出了物质的限制。没有任何负担的爱情，才是最真实、最感人的爱情，才能建造出最温馨、最美丽的心灵港湾。

"人生是花，而爱是花蜜。"这是雨果对于爱心的诠释，正是因为有了爱的存在，人生的滋味才会变得格外香甜，人们的心灵才会变得轻松而充实。一颗轻松的心灵，也会让一个人的生活精彩。不要让我们的爱情染上物质的尘埃，不管生活如何沉重，如何多变，至少应该让爱情在自己的心灵上留下一抹圣洁。不要让爱情负重，找寻爱情的人们，用爱心来打造自己心灵停驻的港湾吧！

心语心愿

没有心何来爱？爱情虽然不可触摸，无法用具体的语言描述，但它绝不是一个空泛的存在，它真实，可以感受。只有用一颗充满爱的心，才可以感受到爱情的美好，才可以尝到爱情的甜蜜。爱情是用心做的媒，用爱谱的曲，只有爱心才可以让爱情的旋律飞舞。

3. 煲一锅理解的心灵鸡汤，爱情拒绝抱怨

爱情中最不需要的就是抱怨了，为自己的心灵煲一次鸡汤，不要让抱怨遮住爱情的耳朵，否则爱情只会在盲目中消失。只有建立在理解基础上的爱情，才能走得更远。

或许有些人会说，爱人不就是能够和自己同甘共苦的人吗？我在外边受了委屈，心里不舒服，见了自己的恋人还要假装开心，那是一件多么让人难受的事情，在自己的恋人面前都不能流露出真实的感情，那么还算得上是恋人吗？他说的不错，确实，爱情需要分担，在爱人面前，我们没必要遮遮掩掩，将自己心中的郁闷吐出来也没有什么。但是，你要想想，正因为是爱人，因为在乎彼此，所以任何一方都会受到对方的影响。你适当地说出自己的烦闷是一件好事，但是一味地沉浸在烦闷或者不断的抱怨中，那么对方也就会不开心。两个人相处，如果只有烦闷和痛苦，那么反倒不如不在一起。

不要在爱情中只一味地诉说自己的不快乐、不甘心，喋喋不休的抱怨只会让爱情变得索然无味。爱情不是倾倒苦闷的垃圾桶，如果让苦痛和抱怨占据了爱情的大半，那么剩下的小半也会很快被占满，充满苦痛和抱怨的爱情，只会让你的恋人退避三舍。

他们在一次相亲的宴会上认识了，因为第一印象不错，所以她答应了他的追求，因为她已经到了适婚的年龄，父母很为她的婚姻担心。

他是一个条件还算不错的男子，在一家规模比较大的企业上班，自己也有了房子和车，虽然车子不算太好，但是也是他自己花钱买的。他们刚开始的时候相处得蛮不错，他们都是上班族，每逢周末的时候就一起看看电影，手牵手在公园里散散步。她很满足这种温馨的生活，有时候想想自己嫁给他也蛮不错。

但是好景不长，他的工作因为一些原因，出现了问题，而他们的爱情存在的问题也相继出现了。他一改平日温文尔雅的样子，开始不断地在她的面前抱怨，抱怨上司的不公，抱怨同事的的卑鄙，总之，只要和她在一起，他就将自己一肚子的苦水往外倒，全然不管她的感受。她是一个好强的女子，她的工作上也有很大的压力，她刚开始喜欢他，是因为和他在一起，从来不谈工作的事情，让她觉得很轻松舒服。现今他的抱怨却让她觉得烦躁郁闷。于是每次约会也就草草结束，而且她发现，

篇四 情感篇

这个男子有个小毛病，就是每次吃饭的时候两人都是 AA 制。她原本没怎么在意，直到有一天她听到他给朋友打电话说，在没有确定关系之前，他一定不会为女孩子花钱的。她顿时气结，原来自己竟是如此不了解他。

于是她提出了分手，他问她："是不是因为觉得我的车太寒碜了？"女孩甩他一巴掌，因为女孩的家世远远比他的要好。她告诉他："爱情不是用物质来衡量的，只要我喜欢，那个人骑自行车也没关系。我不愿意做你倾倒苦水的容器，你的肩膀不足以让我依靠！"她离开了，走得毫不后悔。

一味地诉苦只会让对方厌烦，他就是因为计较太多，太过在意自己的想法，所以才会成为感情上的失败者。在爱情中，我们是应该学会倾诉，让对方分担自己肩上的重量。但是千万不要将倾诉变成一味地抱怨。爱情中，只有相互扶持、相互理解才可以让爱情的保鲜期变得更长。

人生就好像是一场戏，爱情就是戏中的高潮部分，只有这段才是最精彩、最感人的一段。爱情需要倾诉，但是不需要抱怨，只有在相互理解、相互扶持中才能奏出和谐的音律；只有在理解和扶持中，才能为自己的心灵煲一锅美味的鸡汤。

爱情中所说的理解并不是迁就，而是一种建立在平等上的认可。理解可以让一份感情更加有价值，也会让相爱的两个人更加亲密。

张强很小的时候就死了母亲，父亲又另找了一个。张强的继母对张强非打即骂，将他视为眼中钉肉中刺。张强 15 岁的时候就出去打工了，在 20 岁的时候遇上了一同打工的林芳，两人一见钟情，很快即成为了恋人。

张强决定将林芳带回家，一是让林芳见见家人，更重要的是想让死去的母亲见见自己的儿媳妇。父亲看到儿子带着女朋友归来，自是十分高兴，但是继母的脸色却很难看。她一直骂骂咧咧地，说张强既然出去了就不应该再回来。平白无故地带个女人回来，无非是为了能在他老爸那里得几个结婚钱。林芳一听可不高兴了，之前她就从张强那里得知继母不是什么好人，现在又这般说张强，就上前和继母理论，继母却生生打了林芳一耳光。张强和他的父亲当下就愣住了，林芳还没说什么，那继母倒坐在地上大声哭喊起来。说是张强带媳妇回家折腾自己来了，然后惹得街坊邻居都来看热闹，父亲被气得不轻。张强只好带着林芳连夜赶到自己的外公家里。

事后林芳什么也没说，她理解张强的为难，只是抱着张强流了一夜的眼泪。而张强知道林芳的泪水为自己流的，于是在心底暗暗发誓一定会对林芳好。

在爱情中，无言的理解和支持有时候胜过千言万语。不断地抱怨可以让爱情走入绝望，但是理解和支持却可以让爱情在希望中发芽、结果。

煲一锅理解的心灵鸡汤，不要让抱怨使我们的爱情变成一种负担，也不要让抱怨使两个人的心灵变得沉重。爱情，应该是世上最美好的事物，只有在理解的天空下，才能绽放出绚丽的光彩。

心语心愿

爱情不是喋喋不休地抱怨，也不是一味地迁就，而是发自心灵深处的一份理解。煲一锅心灵的鸡汤，在理解中表达出自己的关怀，倾诉出自己的爱恋，让恋爱的心灵不再有负担。

4. 找寻心灵的伴侣，平淡中也有爱

很多人认为只有轰轰烈烈和痛彻心扉才算是真正的爱情，爱要爱得天翻地覆，分手也要闹得沸沸扬扬。但是他们殊不知，爱情其实可以很

平淡，平淡中的爱情相较于轰轰烈烈多了一份隽永的味道。

爱情也可以很平淡，没有了刚刚认识时的激情四射，也没有了磨合期的大吵大闹，经历过大悲大喜之后，终于明白爱到极致其实是平淡。不必费尽心思去说那么多的甜言蜜语，也无需花大把的时间营造花前月下的浪漫。只有平淡才会让彼此成为对方心灵的永恒伴侣。

爱情并不一定需要海誓山盟，再多的誓言，遇上一个把发誓当吃饭的爱情骗子，也就成了一句最动人的谎言。爱一个人，并不一定要天天挂在嘴边，甜言蜜语说多了也就没有什么意义了。真正的爱情是藏在心里的喜欢，平淡得就好像是空气，存在的时候觉得并不怎么绚丽，但是一旦没有了就会无法生存。

爱情的样子并非只有戏剧或者电视剧中所演绎的那般动人心弦，它可以很平淡。相爱的两个人，可以在一起生活好几十年都不觉得乏味。只要能够感受到彼此的气息，哪怕是没有轰轰烈烈也可以很甜蜜。平淡的爱情不是用表演就可以展示出来的，而是刻在心里慢慢品味的，就好像是我们每天都会喝的白开水，没有汽水的颜色漂亮，也没有饮料那般有味道，但是却是最解渴、最天然的。

平淡中的爱情不张扬，却很有个性。它无需刻意地去表现，但是人们还是可以在点点滴滴的行为中发现爱的痕迹。都说相爱的两个人，他们的心灵也会成为最好的伴侣，而美好的心灵只有在平淡中才可以不被生活以及其他的东西所累。所以要想找到一份没有负重的爱情，找到没有牵累的心灵伴侣，那么就让平淡成为爱情的主旨吧！

一天，一个男孩对一个女孩说："如果我只有一碗粥，我会把一半给我的母亲，另一半给你。"小女孩喜欢上了男孩。那一年他12岁，她10岁。

10年之后，他们村子被洪水淹没了，他不停地救人，有老人，有孩子，有认识的，也有不认识的，唯独没有亲自去救她。当她被别人救出后，有人问他："你既然喜欢她，为什么不救她？"他轻轻地说："正是因为我爱她，我才先去救别人。她死了，我也不会独活。"那一年他22岁，她20岁，他们在那一年结了婚。

后来，全国闹饥荒，他们同样穷得揭不开锅，最后只剩下一点点面了，做了一碗汤面。他舍不得吃，让她吃；她也舍不得吃，让他吃！三天后，那碗汤面发霉了。当时，他42岁，她40岁。

许多年过去了，他和她为了锻炼身体一起学习气功。这时他们调到了城里，每天早上乘公共汽车去市中心的公园，当一个青年人给他们让座时，他们都不愿坐下而让对方站着。于是两人靠在一起手里抓着扶手，脸上都带着满足的微笑，车上的人竟不由自主地全都站了起来。那一年，他72岁，她70岁。她说："10年后如果我们都已经死了，我一定变成他，他一定变成我，然后他再来喝我送他的半碗粥！"

多么平淡的爱情，但是却那般真挚。只因为半碗粥的承诺，她陪他走过了风风雨雨，他和她经历了生离死别，并许下来世还相恋的誓言。其实爱情可以很平淡也可以很浪漫，而他们的爱情看似很平淡，其实却又那么浪漫。没有抱怨，只有无言的支持；不会因为身份的改变而离弃，只愿意为对方分担肩上的负重。不需要花前月下，不需要海誓山盟，只需要毫无理由的相信，同桌吃饭，共枕而眠，这就是平淡爱情下演绎的人生。

爱上平淡的生活，因为房间里有对方的气息，所以甘愿沉醉在这一段爱情中。不去和别人攀比，我们有自行车，有租的房子；不会因为他人的几句闲话而垂头丧气。是，即使他现在一无所有，但是年轻是他最大的本钱，他以后可以很成功。车子、房子算什么？没有爱情的存在，物质只会让女人成为笼里的金丝鸟，而男人成为眠花卧柳的贪欢客，面对着金碧辉煌却显得毫无人气的大房子，"金丝鸟"们又怎么能够知晓出租房里平淡的温暖呢？

很多人知道自己的理想是什么，但是很少有人确定自己需要什么样的爱情。现实中的爱情并不是演电视剧，轰轰烈烈的爱情大多以分手结束，因为轰轰烈烈需要激情和精力，到激情消失，精力不济的时候，那么爱情就只会剩下一个空壳，并日益腐烂。只有在平平淡淡中用慢火细炖，在丝丝缕缕的流淌中，爱情才能长久存在。轰轰烈烈的爱情就好像是绚丽的烟花，在它绽放出美丽的瞬间，生命也即将结束。平平淡淡的爱情就好像是一杯咖啡，只有慢慢品尝，才能尝出苦涩过后的香醇。

把握我们的爱情，认真为自己寻找一个心灵的伴侣，在平淡中让彼此享受爱情的美妙。不需要轰轰烈烈，山崩地裂，但是有磐石蒲苇的永不相弃，有相濡以沫的相互扶持。平淡中的爱情，才是我们更值得珍惜的爱情。

心语心愿

爱情不会因为平淡而消失，平淡只会描摹出它的可贵。一句安慰、一份思念、一缕牵挂、一个眼神，都可以让彼此感觉到温暖；爱得平淡而不平凡，爱情不是抱怨，也不是负担，而是一份心灵的契约，一个永远相守的承诺，一个永不相负的约定。

5. 会跳华尔兹的心灵，一支玫瑰带来的浪漫

爱情时间太久就会失去原有的新鲜，于是很多人因为不愿接受这种毫无生气的感情而离开对方。生活尚且需要调味剂，那么我们的爱情也需要一点小小的改变打破沉默的死寂。让心灵来跳一段华尔兹，用一支玫瑰让爱情重新找回浪漫。

爱情本身就是浪漫的代言人，很多人幻想中的爱情都是动人的，充满了甜蜜，可以说爱情是所有年轻男女最美丽的梦幻。浪漫的爱情，先

是在青涩和懵懂中逐渐成熟，随着感情的加深，彼此的深入了解，在经历了相思的凄苦，不断增加的小吵小闹之后，最终以步入婚姻的殿堂将这段爱情画上句号。

在一起的时间久了，在整日的耳鬓厮磨、相依相偎中，浪漫的爱情逐渐失去了相恋时的思念期待，也没有了分别时的依依不舍，爱情不再保鲜，渐渐被琐碎的家务、生活的繁重所代替，相看两不厌的彼此逐渐变得不愿相见。浪漫一词，就这样在繁琐的生活中被慢慢遗忘，消逝。爱情于是不再浪漫，失去了原本的诗情画意，也没有了靓丽动人的色彩。

失去了浪漫的爱情，会让彼此找出各种各样的借口出逃。繁重的工作、朋友的邀请、一个接一个的饭局……一切以前没有的繁忙都会蜂拥而至。当孤独和寂寞成为爱情的替代品的时候，我们就应该注意，我们对待爱情的方式需要改变一下了，因为爱情已经在失去浪漫后逐渐地流逝，如果我们不好好把握，那么就会成为爱情中被抛弃的那一方。

浪漫其实很简单，并不需要盛装打扮，也不需要可以找寻优雅的环境。你可以在家里，在自己的小饭桌上，插上一支带着露水的含苞玫瑰，不需要为了营造气氛点上蜡烛，但是可以做一桌稍微丰盛的晚餐；没必要专门买来昂贵的香槟，稍稍来点葡萄酒也是不错的选择。浪漫其实需要的是一份心，只要你有那份心，曾经深爱着你的恋人一定会感受到，那么在这次特别的浪漫中，彼此就可以抛下生活的繁重，静下心来享受这美丽的爱情。一个小小的浪漫，也可以让爱情舞动出华丽的姿态。

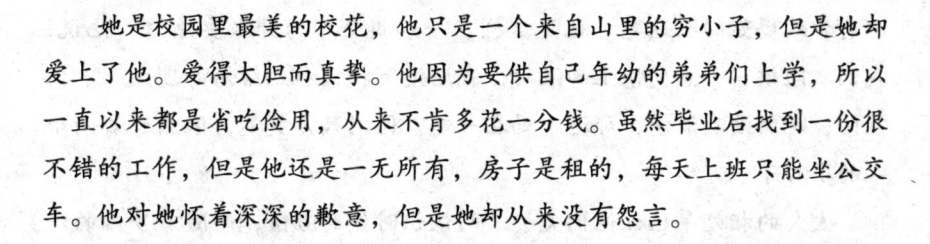

她是校园里最美的校花，他只是一个来自山里的穷小子，但是她却爱上了他。爱得大胆而真挚。他因为要供自己年幼的弟弟们上学，所以一直以来都是省吃俭用，从来不肯多花一分钱。虽然毕业后找到一份很不错的工作，但是他还是一无所有，房子是租的，每天上班只能坐公交车。他对她怀着深深的歉意，但是她却从来没有怨言。

第一次她过生日,他却开始犯愁,因为他不知道应该送她什么样的礼物,太贵吧,他没有那么多钱,太便宜吧,又显得太过寒碜。谁知,她却开口要了生日礼物,说你只要背着我登上离家不远处的天桥陪我看夜景就可以了。

　　于是他释然,他虽然一贫如洗,但是力气还是有的。于是他们相恋三年,每年她的生日都是被他背上天桥。而在这个特殊的生日礼物中,她感受到了从来没有过的欢乐和浪漫。

　　恋人之间的浪漫就是这般普通,少了金钱和宴会的纷繁,却让爱情显得更加可贵。很多人都因为快节奏的生活脚步忽略了爱情需要的浪漫。有人会说,你连肚子都填不饱就想要浪漫,你拿什么浪漫啊?似乎在很多人的眼中,爱情中的浪漫,只是有钱人在无聊的时候才会用来打发空闲的一种消遣。其实不然,有钱人所谓的浪漫看上去是很浪漫,但是谁又能给爱情所需要的浪漫下个准确的定义呢?

　　毫无改变的生活方式,会让人们失去对生活的热爱,那么一成不变的爱情,也会逐渐在日复一日年复一年的消磨中消失。如果将浪漫说成是改变也是可以的,浪漫的最终目的就是为了改变彼此对爱情的观点,让双方重新燃起热情。爱情需要改变,在双方都将对方当空气的时候,那就需要分开一段时间,因为空气随处可见,但是却不可缺少。猛然没有了一个人在身边唠唠叨叨,就会开始想念,那么这个改变可以说成是浪漫,只是方式有点怪,目标却是统一的。

　　他们已经谈了七年的恋爱了,也不知道彼此在坚持什么,到现在还没有步入婚姻的红地毯。她说这样在一起挺好,为什么要结婚?他说,我们之间缺少一点爱情上的浪漫,我还没有找到和她结婚的理由。人们就问,既然没有浪漫,那还干吗在一起?他们只是笑笑,依然过着两个人的小日子。

　　太久的相处早已让他们失去了刚认识时候的激情,而随着岁月的洗刷，让他们变得更加理智和成熟。她已经25了，而他30，她的父母开始催促她结婚了。于是她决定和这个与自己一起生活七年的男子谈谈了，不管结果怎样，她也不会后悔。

那天，她脱下了牛仔裤和衬衫，专门换上了一条水蓝色的裙子，她早早回家，第一次做了那么多他喜欢吃的菜。七年了，终于要有个断了，她为了纪念这份感情，用自己一个月的工资买了一瓶昂贵的香槟。她耐心地等待着他，桌子上的瓶子里插着一朵玫瑰。

他回来了，看到她的装扮，有一瞬间的惊艳。但是很快，他被满桌的菜惊呆了，原来她会做菜，这么多年，一直都是他煮饭的。他放好公文包，坐在他的对面，问今天是什么日子，为何这般隆重？她说，今天是一个结束，也是一个开始。

这顿晚餐过后，他们结婚了。他说，只要稍稍改变一下，浪漫就可以重新回到爱情之中。她说，时间太久，爱情也会变淡，偶尔的浪漫才可以重新找到爱情的沸点。

是浪漫还是改变，不管是什么，他都是我们的爱情中需要的东西。我们曾经为了爱情苦苦追寻，谁也不愿意自己用心培育下的爱情没有结果之前就死掉，但是时间却是爱情最大的杀手。在时间的消磨下，很多人逐渐不再愿意将大把的时间花费在营造浪漫的爱情之上，他们更愿意去发展自己的事业。这时候我们的爱情就会面临着死亡的危险，那么稍稍改变一下自己的生活方式，让浪漫重新回到两个人之间，没必要大张旗鼓地折腾，只要一支小小的玫瑰就可以搞定。因为玫瑰是爱情的代表，这朵玫瑰其实代表着一颗心，将心放在爱情之中，用心去爱，那么爱情就会充满浪漫。

心语心愿

没必要让爱情在一成不变的生活方式中消失无踪，也不要让相爱的两颗心在日常的繁琐中越来越远。用小小的浪漫为爱情增加一些能量，让心灵带着玫瑰为爱情跳上一支舞曲，没有负担的爱情才会长久。

6. 变一个心灵的魔术，自卑不是爱情的绊脚石

都说自信的男人是最迷人的，自信的女人是最美丽的，爱情中也需要自信。为心灵变个魔术，不要让自卑成为爱情中的绊脚石，只有丢开心灵的包袱，在平等的天空下，爱情才能够自由地飞翔。

爱情是不分贵贱，没有等级之分的一种感情，它可以超越年龄的差异，时间、空间的限制。没有任何理由可以阻挡两个人相爱，更不应该让自卑成为彼此之间的绊脚石。

我们时常会听到这样的事情，一个男子很喜欢一个女孩，但是他却不敢大胆地将自己的爱意说给她听。因为男子自卑，他怕自己配不上那个女孩，怕遭受她的拒绝，更怕受到众人的讥讽。但是当一个连他都比不上的人赢得女孩子的芳心的时候，他又会抱怨老天对自己如何不公平，又会因为自己的胆小而悔恨不已。其实，在爱情面前人人是平等的，主要是看你在爱情的面前是否能够克服自卑。如果你打倒了自卑，就可以赢得一份爱情；如果自卑打倒了你，到时候你输掉的不仅是一份爱情，还会是更多的东西。因为，命运从来都不喜欢自卑者。

洪娟天生就是很吸引人的一个女孩，在大学，追求她的人很多。但是没有一个能入她的眼，原来她有自己的主见，在没有工作之前，她是不会考虑爱情的。

终于毕业了，她凭自己的实力进入了一家知名企业。这家公司女性很少，洪娟的到来引起了很多男同事的关心。他们私底下称洪娟为公司的一朵花，都想将她追到手。于是很多人都展开了激烈的追求，在众多

的追求者之中，洪娟最看重的就是两个人：小汪，公司财务处的会计，不仅长得帅，为人也和善谦逊。陈锋，和洪娟同在人事部，为人处世稳重，颇受老总的倚重。

小汪走浪漫的路子，时不时地送上玫瑰和礼物，每每让洪娟感到惊喜不已。陈锋，所用的招式和他的人一样，老实且实在，一杯茶，一丝关怀，却也让洪娟感动。一时之间，洪娟面对两个人难以取舍，决定考验一下他们俩。

洪娟分别约两个人见面，然后告诉了他们自己的想法，如果谁能在事业上赢过自己，她就选择那个人。小汪和陈锋都知道洪娟的能耐，洪娟外表虽然长得像花瓶，但是实力却是100%的强悍。整个公司里，没有人敢当她是花瓶。

谁知，一周之后，小汪主动退出了竞争行列，他认输了。因为他受不了这种压力，在洪娟面前，他充满了自卑，所以决定放弃。洪娟一瞬间有些失望，因为她还是比较喜欢小汪的，但是她并不后悔定下这种竞争的规则。因为只有在平等的基础下建立的爱情才会长久。即使小汪是爱自己的，但是迟早有一天他会因为自卑而离开自己。所以洪娟宁愿选择陈锋，虽然没有那么多的浪漫，但是陈锋的自信，可以让他们的这段爱情有个好的结局。

自卑可以让一个人忽略自己的优点，将自己的缺点放大，然后陷入一种自我否定之中。以自卑的心态对待一份爱情，不仅对自己不公平，对爱人也是不公平的。你不是对方，为什么凭自己的想法去任意揣测他（她）的想法？自卑能够使一个人在爱情面前变得盲目而胆小，进而白白失去一份美好的爱情。

爱情中容不得一个人去自卑，卖油郎独占花魁的故事我们都听过吧。爱情不会因为你的家世或者出生不好就鄙视你，也不会因为你的能力不如人就看不起你，只有自卑的人才会遭到爱情的唾弃。

要想自己的爱情之路走得顺当一些，就首先不要让自卑成为爱情的杀手锏，那么在面对爱情的时候如何克服自卑就显得尤为重要了。其实，你可以看看以下的几点建议，不让自卑成为自己爱情之路上的绊脚石。

(1) 面对自己喜欢的人的时候要自信

有的人因为自身的一些条件的限制或者其他的原因，在追求爱情的时候往往无意中会贬低自己，觉得自己配不上心爱的人，或者会遭受拒绝。其实，我们有时候必须相信一句话：爱情面前没有贵贱，所以，如果爱他（她），就大胆地去追求，去表白自己的爱意。自信可以让一个人显得更有魅力。

(2) 可以在衣着打扮上下点功夫

都说人靠衣装。在爱情面前，你觉得的胆怯的话，不妨花一番心思在着装打扮上。穿着打扮在一定的情况下，可以减轻一个人的自卑心理。两个初见的人，一般都是在衣着装扮上评估彼此的。干净利落或者有品位的衣着打扮，足以让他人产生和这个人深交的欲望。可以说，在爱情中，一见钟情是最美的。

(3) 在交谈中表现自己的魅力

如果你的外貌并不出众，也没有华丽的衣装包装自己，那么就要抓住交谈的机会。有一种人，他们很普通，但是他的谈吐却可以让他成为最耀眼的那一位。和心仪的人在一起，如果有点自卑，那么就让语言成为你征服对方的王牌。说话的时候，声音要适中，不咄咄逼人但是要有说服力。咬字清晰，在语言中显示出你对他（她）的在乎，那么你成功俘获爱情的概率就会加大。

总之就是一句话，绝对不能让自卑挡在我们的爱情面前。我们可以因为种种原因而成为爱情中的失败者，但是一定不能因为自卑而遭爱情抛弃。有人说情场和职场其实一样，存在的竞争都是很激烈的。职场之上，我们尚且不甘心成为自卑的阶下囚；那么，攸关自己一生幸福的情场之中，我们就更不应该被自卑打倒。

心语心愿

我们可能会因为一些原因，感受到生活的沉重，但是我们没必要让沉重的生活使我们的爱情也难以负荷。变一个心灵的魔术，只有两颗轻松的心灵，才可以让彼此的爱情更加甜美。不让自卑成为爱情的绊脚石，释放我们心灵的压力，让爱情零负担。

7. 把握心灵的尺寸，感动只在一瞬间

把握心灵的尺寸，只要找到爱情的那个临界点，感动只是一瞬间的事情。其实爱情并不需要付出很多，但是一定要有针对性地付出，爱情就像是一个水晶球，透明而易碎，所以注意一些细节上的问题，可以让爱情在心灵的共鸣中升温。

爱有时，就是平凡中散发的那一缕清香，请用心去体会，找到那个爱着你而你又爱的人！

宁和雅初中、小学都在同一所学校读书，宁总是喜欢欺负雅，还老是悄悄拿雅的东西吃。他不知道自己为什么会这么无聊，但是还是喜欢看雅生气的样子。后来，宁初中没毕业就去当兵了；而雅，一直考上了高中、大学，在大学的时候，她有了自己的男朋友。一直以来，雅觉得自己蛮幸运，虽然不爱自己的男朋友，但是也不讨厌。

那一年，雅生了一场大病，因为某种原因，父母极力反对她和她的男朋友再联系，于是在雅的哭声中，结束了那一场恋爱。那一年，宁回家探亲，邀请好多同学在家里玩，在那次同学聚会上，他重新遇见了雅，往事如潮水涌上心头，他坚持在聚会结束后送雅回家，还要了她的

电话号码。

那一个晚上,宁接到了雅的电话,她哭得稀里哗啦,说是和男朋友分手了。宁听到后竟然有些暗喜,于是他一直听着喝醉了的雅哭泣。后来雅累了,一觉醒来之后,竟然发现宁还没有挂电话,一瞬间,她有一些感动,她听到自己的心在痛,痛他的体贴入微。

后来他们恋爱了,在雅毕业之后就结了婚。雅想或许就在她喝醉的那个晚上,是宁的体贴才让她心里从此有了他。婚后,他们一直很幸福,宁总是会给她带来意想不到的惊喜:加班至半夜回来后,包里揣着一串糖葫芦;结婚纪念日,一套美丽的内衣;情人节,几支百合和玫瑰,宁总是有办法让雅开心。

就是这点点滴滴,宁用那些小小的惊喜编织了一个密密的情网,而雅心甘情愿地坠了进去。

这就是爱情,只要把握好了心灵的尺寸,瞬间的感动可以影响一个人的一生。故事中的雅因为宁的体贴而在一瞬间将宁放在了心里,而宁也因为在爱情中懂得把握尺寸,所以才找到了自己心灵的栖息地。爱情其实有时候和生活并没有什么区别,生活中注意一些小细节,做事只要拿捏稳当,不仅可以得到别人的感激,还可以改善自己的人际关系,增进和他人之间的友谊,甚至在关键的时候还可以帮助自己扭转乾坤,让自己的事业取得突飞猛进的发展。

在爱情中注意一些细节,把握好心灵的尺寸,就可以让两个人的感情升温,可以让彼此的心灵受到触动。爱情本来就是两颗心灵之间的深层次的交流和相互吸引。有人说,爱情中人们的心灵是一颗玻璃心,这颗心透明纯洁,却又易碎,只要稍稍不注意就会让它出现裂痕,当回过头来想弥补的时候,却已经晚了。所以说,最长久的是爱情,最难以长久的也是爱情。

很多女孩子一般都是因为那个男孩子做了一些让她感动的事情，才和他在一起，并不断地因为这些感动的增加而死心塌地地爱上这个男孩的。不要认为这种爱是盲目的，因为爱一个人本来就没有理由。记得，《圣经》中，上帝曾经取亚当的肋骨创造了夏娃，当亚当看到夏娃之后，就说夏娃是他的骨中骨，肉中肉。都说恋人原本是一个整体，他们在投胎的时候分开了，然后在人间就会找寻自己的另一半，只有找到了那一半，一个人的人生才算是完整的。而在找寻另一半的过程中，只有触动心弦的感动，才能发现彼此。

在这个社会，生存是一件很实在的事情，爱情虽然美丽，但是还是不可以当饭吃的。为了自己将来的生活更好点，你可以将自己投入忙碌中，也可以减少陪伴恋人的次数和时间，但是千万要把握好彼此之间爱情的温度和尺寸。即使再繁忙，打一个电话，发一条信息的时间还是有的。如果自己加班或者出差，不妨将思念告诉对方，让她（他）知晓你的思念。或许你不在意，但是你的恋人却在乎。你可以说自己没有浪漫的细胞，做不出那种谈情说爱的风雅，没关系，在情人节或者恋人的生日的时候，送她（他）礼物。要记住，爱情中需要感动，一瞬间的感动或许能给自己带来一生的幸福，而一时的忽略也很有可能给自己的爱情带来终身的遗憾。

恋爱中的对方，彼此的要求往往是很简单的，只要你触动了对方的那根心弦，不管是男孩子还是女孩子，他（她）都会一直陪着你走下去。爱情的临界点只是在一瞬的感动之间，如果爱一个人，就要把握好心灵的尺寸，尽量在一些微小的方面让他们感受到你的爱意。

那年情人节，公司的门突然被推开，紧接着两个女孩抬着满满一篮红玫瑰走了进来。

"请文文小姐签收一下。"其中一个女孩礼貌地说道。

办公室的同僚们都看傻眼了，那可是满满一篮红玫瑰，这位仁兄还真舍得花钱。正在大家发怔之际，文文打开了花篮上的录音贺卡："文文，愿我们的爱情如玫瑰一般绚丽夺目、地久天长——深爱你的卓。"

"哇塞！太幸福了！"办公室开始嘈杂起来，年轻女孩子都围着文文调侃，眼中露出难以掩饰地露出羡慕光芒。

年过30的女主管看着这群丫头微笑着，眼前的景象不禁让她想起了自己的恋爱时光。

老公为人有些木讷，似乎并不懂得浪漫为何物，她和他恋爱的第一个情人节，别说满满一篮红玫瑰，他甚至连一枝都没有买。更可气的是，他竟然送了她一把花伞，要知道"伞"可代表着"散"的意思。她生气，索性不理他，他却很认真地表白："我之所以送你花伞，是希望自己能像这伞一样，为你遮挡一辈子的风雨！"她哭了，不是因为生气，而是因为感动……

诚然，若以价钱而论，一把花伞远不及一篮红玫瑰来得养眼，但在懂爱的人心中，它们拥有同样的内涵，它们同样是那般浪漫。

得到一个人的爱其实也不是一件很难的事情，只要把握好了自己心灵的尺度，在一些细节上多下点功夫，足以让任何一个人注意到自己的存在。因为倾注了感情，所以那个你喜欢的人会很难忽略你的所作所为，在感动中让他（她）成为自己的伴侣也就是水到渠成的事情了。其实爱情是个很奇妙的东西，只要你能够把握好心灵的尺寸，在一些细小的东西上投入关注，就可以收到满意的效果。或许，你也可以试试，在感动中收获自己的爱情！

心语心愿

事情虽小，带来的影响却大。任何完美的爱情都是经不住时间的消磨的，星星之火，可以燎原，如果想让爱人知晓自己的情感，那么就用小小的细节点起一堆堆感动的星火，然后在一瞬间让这些星火变成燎原之势，用感动俘虏你的爱情吧！

8. 为心灵插上翅膀，爱可以乘着勇气飞翔

让心灵长出翅膀，让爱乘着勇气飞翔。几乎所有的人都在追寻属于自己的爱情，但是，爱情是需要勇气的，唯唯诺诺只会让爱对你却步。一个没有勇气的人，就不配得到爱情的眷恋。

一个人在自己的一生中可能会走很长很长的一段路，在这漫漫长途中，可能会遇到很多很多的困难。也许命运会让我们独自一个人去面对这些困难，但也许命运会眷顾我们，送一个人来和我们一起面对。陪我们一起走路，一起面对困难的人，就是我们这一辈子都应该珍惜的人，即使牺牲一切都应该好好对他（她），因为他（她）有一个特别的名字：爱人。

爱情是人类最美好的体验。对于爱情最需要的是什么，很多人都有不同的说法，有人说爱情需要互相包容，有人说需要的是彼此的谅解，还有人说需要的是一种感觉……其实爱情最重要的不是这些，而是——勇气。可以让我们的心灵长出翅膀，可以让我们的爱情自由飞翔的勇气。

缺乏了勇气的爱情是无法持续下去的，甚至有的爱情因为缺乏勇气，而"胎死腹中"。这并不是夸大其辞，而是有一定的考据的。暗恋就是爱情缺乏勇气最好的证明。明明心中爱得要死要活，但是就是因为自己缺乏那一点点勇气，所以就让这份感情一直在内心深处，然后历尽煎熬，最终在遗憾中消失。所以，爱情与勇气是密不可分的。

有的爱情是浑然天成的，在一个特定的时间里遇到一个特定的人，然后两人相知相爱，终此一生。但是有的爱情却需要我们去努力争取，最终是被我们掌握在了手中，还是仍然在我们难以触及的地方，那就不是我们能掌控的了，但是至少我们已经拿出了勇气，努力过了，所以就不会觉得很遗憾了。

　　如果我们对看到的爱情，只是轻轻地招一招手，或是只在门前悄悄试探，是不会有结果的。而那些永远错过了的人，就不可能再回来，也许我们可以让自己学会淡然处之，但是那份遗憾会永远埋在我们的内心最深处，就好像是一个无法抹杀的烙印，会时不时地噬咬着我们的心灵。

　　在亲朋好友的"引导"下，她和他就这样认识的。刚认识，谈不上一见钟情的那种，也因为彼此不反感，所以，就一天一个电话，都是他给她打的，开头也都是"你好，今天忙吗？"，哈哈，他很傻，怎么不直说"今天有空一起吃个饭吗？去散散步，聊聊天怎样？"。

　　已经认识第N天了，不过，她觉得好像还是一个人一样，生活没有什么改变，就是多了一些电话，当然，她心头上已经多了一件事，只是，他没说出口，她就不在乎而已，其实，她是在意的。

　　以为要改写人生了：一天早晨起来，她的头有点痛，也不留意，顶着毛毛的春雨上班去了，可呆不到下班，她就头晕目眩了，她病了……此刻，她第一个想起他，她像天使一样想着童话的画面：他在她身边为她这个那个……可是，他是个很傻的男人，他把关爱藏在心里，他不敢去照顾她，他只是在电话那头着急她吃药了吗？她要去打点滴吗？他却不说：我来看你吧，我来带你去看病好吗？还是依旧生活吧，在她病的几天里，她想清楚了，她要的是一个敢好好痛爱她的人。终于，她的病好了，她和他也就不再有意思了，她说：我一个人能照顾好自己。到他说：其实，我想着去照顾你的，只是，我怕太急了，反而怕不好。晚了。

本来是一段令人羡慕的爱情，就是因为他的懦弱，才会成为一段爱情憾事。其实爱情就像是载在人们灵魂扉页上的内容。有时候会因为记忆太久远，字迹显得模糊不清；有时候会因为太痛苦，字迹潦草。但是一笔一画中，还是可以看出爱情的痕迹。爱情需要勇气，也只有在勇气的支持下，爱情的字迹才会齐整有序，才会清清楚楚。

很多的时候，我们的爱情都会因为距离、家庭、经济条件等原因而无疾而终。为什么我们不能更勇敢点？为什么我们不能再给对方也给自己多一点信心呢？所以，如果你有爱的人，那么就告诉他（她），我们的爱情或许会很辛苦，会有许多意想不到的压力，但是只要我们有勇气，那么一切都会显得微不足道。如果你真想和我在一起，那么就拿出勇气面对我们的爱情。

如果爱了就勇敢地去爱，爱情从来不会亏待勇敢的人。爱他（她），就不要轻言放弃，爱情不仅仅是一句誓言，既然发誓了，就要让誓言一直延续下去。勇气让爱情不再是深藏在心底的暗恋，而是可以展现在阳光下，接受众人祝福的爱恋。勇气可以让我们的心灵长出翅膀，让我们的爱情自由地飞翔。

将爱情看做是负荷，在爱情之中苦苦挣扎的人们，只要你们拿出勇气，那么爱情就不会是一件沉重的事情，那些所谓的爱情的"拦路虎"也会不堪一击。而充满勇气的人，永远都是爱情的宠儿。

心语心愿

爱不是无法实现的诺言，也不是懦弱者编织的美丽，它是人间最真最纯的感情，是需要勇气才可以得到的珍宝。它可以让一个人从此不再寂寞，让人们的心灵不再空虚，珍惜我们的爱情，不要让这美好的感情沾染任何虚假的灰尘。让我们的心灵长出翅膀，让爱乘着勇气自由地飞翔。

第八章　与心灵共鸣
——让你找到婚姻的藏宝图

有人说婚姻是爱情的坟墓，但是有的人却在婚后依然很幸福，甚至他们过得比婚前还要快乐。只要我们留心，就很容易见到有白发苍苍的老爷爷和老奶奶们，一起牵着手走过马路，在他们脸上显现出来的那种表情，任何人看了都会说他们是幸福的一对。几十年的相濡以沫，让他们找到了婚姻中的藏宝图，所以他们是快乐的。

婚姻并不是一种负担，很多人都是因为相爱才步入婚姻的，婚姻和爱情相比，则显得平淡很多，但是正是这一点一滴的平淡，渗透在彼此的生活之中，让两颗心灵更加紧密地偎依在一起。婚姻可能会让人疲累，但是只要人们有心，完全可以让婚姻生活充满意义。抽时间去一起度个假，看场电影，不要觉得自己结婚了，就不需要浪漫了，在偶尔的浪漫中忆起恋爱时的甜蜜，你的婚姻就不会沉重，而当两颗相爱的心灵在一起共鸣的时候，那么两人也可以白头偕老。

1. 不要让心灵疲劳，婚姻不是负担

相信每个人在结婚的时候都是欣喜万分的，终于可以和自己心爱的人在一起了，不必再忍受分离的痛苦，不必再经历思念的折磨。但是很多人却在结婚以后，由于生活的繁重和琐碎，反而觉得婚姻是一种让人心灵疲劳的负担，怎么会这样呢？

婚姻是爱情达到极致之后所签的一种"长相厮守"的契约，是爱人之间"生当共枕，死亦同眠"的誓言。婚姻应该是一种甜蜜的责任，但绝对不是一种负担。婚姻中，付出应该是两个人自愿的事情，只有两个人一起用心地经营家庭，婚姻这样的港湾才能够更加温馨。

　　有人将婚姻看做是心灵的港湾，而有的人却称婚姻是爱情的坟墓。心灵的港湾和爱情的坟墓根本就是截然相反的两个东西。按理说，婚后的男女，他们之间的感情应该更深，生活也应该更甜蜜美满，但是很多人去却因为婚姻而伤心失意，婚姻对于他们来说，反而成为一种煎熬。是什么让婚姻变得如此沉重，又是什么让彼此相爱的人的心灵这般疲累？

　　究其原因，就是不懂得经营婚姻。懂得经营婚姻的人，对他们而言，家庭是最好的减压所在，他们在生活中，在工作上的压力，一旦到了家中就会消失无影，婚姻对于他们无异于灵丹妙药，可以让他们消除所有的烦恼。其实，只要两个人用心经营婚姻，那么婚姻也会以甜蜜回报他们。恋家的人，他们的婚姻一定是幸福的。以下的故事就可以告诉我们。

　　结婚已经十多年了，霞和俊之间从来没有出现过别人所谓的三年或者七年之痒。俊每天下班后的第一件事情就是回家，因为家里有两个小女人在等着他。老婆——霞，一个已经40多岁，但是还有着20岁的天真的女人；女儿——月儿，说她是一个小天使绝对不为过，虽然已经十多岁了，但是还是一个很黏爸爸的小女孩。

　　俊最喜欢做的事情就是和妻子一起陪女儿玩，在这个家里，从来都是充满微笑的，俊对自己的妻子除了爱，还有一份深藏在骨子里的感恩。要是没有霞，估计就没有现在的自己。

　　他们第一次见面的时候，俊还很年轻，才刚从学校毕业，他有一个漂亮的女朋友，但是却坐着别人的名车走了。俊不甘心，于是不断给她打电话，希望她能回心转意，谁知那个男人却找来了一帮人，将俊打个半死，然后丢弃在垃圾堆旁。就在那个垃圾堆旁，俊现在的妻子捡到了他，然后将他带回家，花钱为他治伤。在那段受伤的日子里，俊曾好几次想一死了之，但是想起远在他乡的亲人又一次次打消了那个念头。霞的影子也就是在那段时间开始进入他的心间的。霞长得很平凡，但是天生一股让人移不开眼的纯真。伤好之后，他们成了一对恋人。

之后他们结婚了，原以为俊也会和众人一样，在结婚之后对霞的爱意会逐渐变淡，但是出乎意料，霞总是有办法让丈夫将自己记挂在心头。霞的忧伤、欢笑都牵挂着俊的思绪，霞从来没有出言语责备过俊，但是当俊犯了错的时候，总会从霞的眼睛中看出责备，这样一个有着一颗玲珑剔透的心灵的女人，怎么让人忍心伤害？于是他们有了爱的结晶，月儿的出生，更让他们的感情升了温。霞在岁月的冲洗下，反而变得更有韵味，褪去了青涩，但是那股天真却没有失去，俊生怕有一天会看不到霞的纯真，月儿也离自己而去。于是，他不管众人的取笑，一下班就往家里跑，在节假日也是和霞、月儿待在一起。这样的生活让俊的心灵永远都感觉不到疲累，而婚姻对他而言根本不是什么负担，却是一种甜蜜的牵挂。

婚姻到底是沉重的负担还是甜蜜的牵挂，就看两个人怎么去经营。其实爱情是两个人的事情，婚姻的家庭需要双方来经营。我们没有必要将生活或者工作作为忽略婚姻的借口。"世上无难事，只怕有心人"，一段婚姻，只有两个人用心去经营，才可以让家变得温暖，让婚姻变得甜蜜。当然彼此的心灵也不会因为婚姻而疲累，那么生活、工作中的压力也就会消失不见。

婚姻是需要用心来经营的。我们常说家是避风港，一个遮风挡雨的地方，而家是婚姻的承载。每个人都渴望有一个或大或小属于自己的家，然后在这个家里编织着自己的人生梦。但是现如今许多人的婚姻都亮起了红灯，同时好多的家庭也都名存实亡，夫妻貌合神离。出轨、争吵、冷战、暴力等，出现在婚姻中次数越来越频繁。为什么原本应该是世间最甜蜜的婚姻却变成了一种负担，让人们的心灵如此疲累不堪呢？

婚姻不是连续不断的争吵，也不适宜持久的冷战，婚姻应该是两个人一起呵护出来的温馨，它是甜蜜的代言词，是双方珍藏起来的爱情，也是彼此相伴一生的方式。婚姻的生活，快乐是用来分享的，而悲伤是用来分担的。不要让彼此的指责和抱怨让婚姻成为负担，也不要让故意的忽略和冷落使彼此的心灵负重。婚姻中的男女，要懂得经营自己的爱情。

懂得经营婚姻，会生活的人，就会在平凡中，简单而快乐地度过所谓的"三年危险期，七年之痒"，然后在温馨中度过一生。而不懂经营的，不去用心经营的婚姻，婚姻也就会在接二连三的矛盾中画上一个不圆满的句号。学会经营自己的婚姻，不要让婚姻成为一种负担，让彼此的心灵变得疲劳。做个会生活的人，在经营中让自己的婚姻躲开红灯的警告。

心语心愿

不要羡慕别人，当你仰望他人的幸福时，而你也在被他人仰望着。珍惜眼前拥有的就是最适合自己的。好好经营自己的婚姻，让它不要成为负担的代名词，只要心灵消除了疲劳，婚姻中也可以发现宝藏。

2. 为心灵上点色，不让自己的更年期提前

总是听到有人说某某更年期提前了，或者老公说自己的老婆更年期到了，更年期不仅受人们的排斥，甚至还被视为造成爱情破裂、家庭离散的头号杀手。在婚姻中，我们需要给自己的心灵上点色，做个讲理的人，不要让自己的更年期提前。

不管是男人还是女人，他们都有更年期的。而许多人的婚姻，也就是因为没有处理好更年期的状况，才破裂的。

更年期的女人，就会不自觉地喜欢念叨这事情，抱怨那事情，总之所有的事情，都得不到她的满意。发火骂人更是家常便饭，而男人就会视她为洪水猛兽，只想躲得老远。更年期的男人，会对一切显得漠不关心，甚至对生活也提不起兴趣，自然对婚姻也就懒得放入心思了。

唠叨的妻子对上冷淡无比的丈夫，这就是更年期婚姻的真实写照，也可以说是婚姻中最危险的一段时间。如果这段时间顺利度过，那么两个人就可以携手看夕阳了；要是度不过，最后的结局就是分道扬镳，情意全无。

冰和军结婚三年了，这三年中他们吵闹从没有断过。军不知道为什么之前那个温柔可人的冰，会在婚后变得如此无理取闹。虽然，军的工作是不怎么好，赚的钱不怎么多，但是他们也有自己的房子和车子。军所赚的钱足够冰待在家里挥霍。但是冰老是抱怨，说自己朋友的老公如何如何会赚钱；说某某人戒指上的钻比自己的大；说某某的衣服比自己的好看……只要军一待在家里，冰絮絮叨叨的抱怨就会让他觉得烦闷，于是说话的音量也会不自觉加大，而冰就会说军不爱自己了，然后就会哭闹一番。回家，对于军来说就是一个噩梦，而这场婚姻就是引发噩梦的元凶。终于在两年后，他向冰提出离婚，而冰在不甘心和无奈中在离婚协议书上签了字。

琴和伟结婚也已三年了，三年当中他们虽然有过小吵小闹，但是感情却没有减淡。伟的工作很灵活，时常要到各地出差，当然对琴就会有一些冷落。刚结婚的时候，琴每次一听到伟要出差，就会沉下脸，抱怨上几句，刚开始伟还会哄上几句，慢慢的，也就任她去闹。琴自己一个人没意思，也就不再抱怨。后来琴发现，很多时候，吵闹和抱怨并不能解决问题，于是她开始试着站在伟的立场上看事情。在伟出差的日子里，琴开始找一些自己喜欢的事情做，这样不仅可以缓解对伟的思念，同时也可以让自己的心情平静。伟也明显感觉到了琴的改变，就对自己因为经常出差而冷落琴有些歉意，于是只要有休假，就会陪琴看看电影、游游泳什么的，这样下来两个人的生活反而轻松许多，他们之间的关系更加亲密。

同样的婚姻，一样的时间，为什么有人的婚姻生活会越过越美满，而有人的婚姻生活会在半途就夭折。其实就在于两个人如何经营，懂得生活的夫妻，他们的感情会越来越好，婚姻会越来越美满；而不会生活的那一对，他们只会在抱怨和争吵中将自己的更年期提前，然后亲手将自己的婚姻埋葬。

不同的人可以经营出不同的婚姻，但是成功婚姻的样子只有一个：那就是婚姻中的两个人没有更年期。许多人可能会奇怪，更年期不是人人都有的吗？怎么会说成功婚姻里的双方没有更年期呢？其实更年期是可以延后的，只要我们有心，也可以将自己的更年期无限延后，当然没有更年期的婚姻，经营起来也就轻松许多。

延后妙招一：激情可以淡，感情却不可以淡

婚姻中，一直要保持新婚时的那种激情是一件很难实现的事情。随着时间的推移，夫妻在一起生活，不可能时时都拥有激情，但是感情却可以随着时间逐渐加深。一个拥抱、一声叮嘱、一句赞美，让对方知道自己的关怀。那么即使真的到了更年期，女人的絮叨，男人的冷漠也会被这关怀消弭，而夫妻的感情也会因为这关怀加深，婚姻也会更美满。

延后妙招二：与其绑在身边，不如放任自由

曾经看过一本书上说，婚姻就好像是放羊吃草，只有给羊儿足够大的空间，他吃饱之后自然会回到自己的窝里。即使是结婚了的两个人，他们也需要自己独立的空间。做妻子的没必要过问丈夫所做的每一件事情，他不是你的仆人，没有事事向你报告的义务。做丈夫的也不要老是关注妻子的去向，她嫁给了你，就知道自己什么该做，什么不该做。毫无理由的捆绑，只会让对方急着挣脱。

延后妙招三：争吵只能是调剂，却不能成为主食

没有发生过任何争吵的夫妻并不一定是感情最好的夫妻。很多时候，小吵小闹可以增加生活的情趣。在吵闹中可以知道彼此的真实想法，在吵闹中也可以发现两个人之间存在的障碍。适当的吵吵架，可以让两个人更加亲密。但是吵架一定要掌握尺度，一旦过了，情趣没有增加，反而会成为导致两人婚姻破裂的导火线。

人一到更年期难免会发生争吵，变得疑神疑鬼，妻子会抱怨丈夫冷落自己，而丈夫总是感觉到妻子唠唠叨叨让人生烦。但是每个人对于自己的婚姻都有各自的经营办法，人到更年期并不可怕，可怕的是人的心灵到了更年期，如果心灵失去了色彩，那么生活以及婚姻中的色彩就会更少。要想自己的婚姻色彩明丽，那么就给自己的心灵上点色，发掘婚姻中的乐趣。

心语心愿

想要维持婚姻的幸福，说难也不难，美丽的风景每个人都喜欢。不管是作为男人还是女人，你要想自己的婚姻成为对方愿意驻足的风景，那么就为自己的心灵上点色，不要让自己的更年期提前到来。

3. 心灵需要呵护，相互指责只会让感情更累

在婚姻中两个人之间发生一些小摩擦是很常见的事情，生气的时候，说出的话一定不会好听，但是日子还是要过下去。少一些指责，尽

量让两个人的感情变得轻松，我们的心灵需要呵护，没有压力的婚姻才可以谈得上幸福。

结婚之后，一切就会和婚前不一样，因为婚前是两个人在谈恋爱，基本上都是两个人的事情，所以他们不会有家庭的牵绊，也不会有生活的压力。但是婚后，他们必须步入婚姻生活之中，因为有了家的牵绊，不可能随意的想去哪里就去哪里玩了，也不能告诉自己的爱人要在外边过夜之类的，更不可以随便地将自己曾经的那些朋友带到家里尽情"high"一下。女人被繁多的家务活弄得越来越懒得收拾打扮自己，而男人也会为了维持生计，慢慢将女人疏忽。这时候是矛盾最容易发生的时候，这段婚姻能否维持下去，就看双方当事人怎么对待这些矛盾了。

指责只会伤害双方的感情，因为婚姻生活一旦开始，或多或少会和之前想象中的有一些出入，如果无法用平和的心态去看待彼此的改变或者过失，那么唯一的路径只有离婚，这样对两个人来说也是一种解脱。

一般来说，婚姻中的亲密关系主要会经历五个阶段的磨合才能达到和谐，这五个阶段分别指婚姻的浪漫期、权利斗争期、整合期、承诺期和共同创造期。但是，很多婚姻终其一生都停留在权利斗争期，所以，有的夫妻相互斗争了一辈子，一辈子也不幸福；或者是斗得厌倦了，婚姻也随即结束。

在任何一段婚姻里，来自不同家庭、带着各自的价值观结合在一起的夫妻，"斗争"是不可避免的。但是婚姻中的斗争，也需要讲究个技巧和艺术。

这个艺术就是双方要清楚婚姻"斗争"的界限。比如，夫妻之间要清楚自己做什么，对方才更容易接受，并表现出支持的态度，能够更容易获得信任；也要清楚哪些事情和语言是对方无法接受的，如果是对方无法容忍，甚至不愿碰触的，那就千万不要让它们在"斗争"中出现。这种界限越明确，越清晰，就算两个人"斗争"再激烈都不会轻易"越界",那么婚姻的安全也就不会被破坏。

阿成和宋元是众人羡慕的一对,他们从恋爱到结婚,只发生过小小的拌嘴,真正意义上的争吵从来没有发生过。但就在上个周末,两个人忽然大吵起来,而且吵得不可开交。原因真的很简单,就是阿成埋怨宋元经常回娘家,就算在家的时候也是常常和她妈妈打电话,小小的一件事情就能说上很长时间,这让他很不理解。因为是新婚伊始,阿成不希望让外人占去两个人的恩爱时光。但是宋元却指责阿成将自己的妈妈当外人,于是就这样你一句我一句地吵了起来,越吵越火大,最后阿成让宋元自己选择,是选择他还是她妈妈,宋元一气之下就回了娘家……

陈辉的公司因为经营不善,裁掉了大批员工,而他就是其中的一员。当妻子知道他被裁掉了,第一反应竟然不是安慰他,而是责备他真没用。陈辉和妻子新婚不久,妻子是一个虚荣心很强的人,她和自己的朋友在一起,总是会吹捧自己的老公如何能干,现在老公下岗了,这不是诚心让她在朋友面前为难吗?更何况,前不久和朋友逛街,看上了一条今年十分流行的裙子,正打算等老公发工资后买呢!一想到自己喜欢的裙子没了,她气不打一处来。于是三天两头给陈辉脸色看。刚开始陈辉觉得自己对不起老婆,慢慢地,面对她的不讲理,他也生气了,难道她就看不到自己正在很努力地找工作吗?自己找工作辛辛苦苦在外跑一天,晚上回家不仅没有热腾腾的饭菜,还要看人的脸色。于是两个人之间的战争爆发了。

很多夫妻吵架的起因都是很小的事,比如老公常常晚回家,老婆觉得委屈,觉得他对自己的感情变淡了,于是开始抱怨。男人起先可能不理会妻子的抱怨,那是因为他心里知道冷落了妻子,稍稍还有点愧疚,觉得自己的确有些疏于照顾家庭。但是,妻子说着说着,就会开始指责丈夫冷落自己,甚至就会数落起公公婆婆的不是,说是一家子人对这个媳妇都不在乎,说到伤心处自是眼泪汪汪,就好像自己的真的被虐待了一样。殊不知，作为男人，他最忌讳的就是拿自己的父母说事，而妻子的指责和抱怨正好触及了丈夫的界限，于是他由沉默转为愤怒，夫妻之间的冲突也就逐渐升级，最后不大闹一场是无法结束的。

婚姻并不是两个人完全合二为一，而是两个圆相交，既有重叠的部分，也有各自独立的部分。只有清楚彼此的界限，才能让自己的婚姻不会致命。关于界限，大概有以下的几个方面，只要人们用心体会，用心呵护自己的婚姻，两个人的感情自会经受住各种各样的"争斗"考验，避免危机的出现。

(1) 在婚姻中，不要试图管束另一方。

虽然说两个人结婚了，生活在一起，也算是一家人了。但是你要知道，即使结婚了对方也属于自由的个体，不要试图用各种各样的借口将他（她）绑在自己的身边，一旦对方没有了自己的私人空间，他就会想尽办法挣脱束缚的。

(2) 你可以对自己的爱人负责，但是不要代替他负责

每个人只要生存在这个社会上，就有属于他们的责任。责任可以让他们获得自信，认识到自己的人生价值。所以在结婚以后，千万不要以"爱"作为借口，妄图代替对方，担起他们身上的责任，这是对他们的一种无视。

(3) 爱一个人就不要试图去改变他

他（她）可能和自己理想中的情人差很多，但是既然结婚了，就不要坚持把对方改造成理想中的样子。每个人都有他们各自的特性，没有人愿意做任何人的影子。爱对方，就要接受他（她）的全部，让他（她）以自己的真实面目生活在婚姻中。

(4) 尊重对方的决定

结婚后，往往有一些人喜欢对方事事以自己为主，这种人被称为"自我主义者"。他们做什么事情，总是喜欢发号施令，婚姻中的双方是平等的，没有人喜欢一直和一个高高在上的统治者在一起。

不触及"界限"的争吵可以作为婚姻中的调剂品，偶尔拌拌小嘴，可以增进两个人之间的感情，但是毫不讲理的相互指责，只会让两个人之间的感情变淡，让他们的婚姻步入无法挽回的深渊之中。

心语心愿

爱一个人就要理解他（她），甚至在吵架的时候也不忍心去指责他（她）。在婚姻的生活准则中，我们应该遵循相互体谅的原则，只有在心灵呵护下的婚姻，才能走得更远。

4. 给心灵放个假，不妨重新度个蜜月

很多结婚后的夫妻，总是将自己投在繁重的生活和工作之中。相对的，对于婚姻也就少了一份关注，对自己的枕边人也就欠缺了一份关怀。不要让自己的恋人哭泣，给彼此的心灵放个假，抽空出去重新度个蜜月。

谁说婚姻中不需要激情，婚姻应该是两个人新生活的开始。这个家是由两个没有任何血缘关系的人组成的，他们流着不同的血液，但是却有任何人都难以企及的亲密关系，他们同睡一个被窝，冷的时候两个人相互取暖，累了的时候相拥而眠，他们是爱情的载体、演绎者。婚姻的生活需要激情的刺激，这样才不至于在繁忙中让彼此有被疏忽的感觉。

不要以为已经结婚了，大家都是自己人了，就不再关心对方，或者直接将对方忽略。不要以爱作为前提，让自己的另一半永远支持或者理解自己，自私在婚姻中是行不通的。更何况，失去呵护的爱人，他们会

因为难以忍受被忽略的孤单而离开。只因为婚姻是相爱的两个人一起经营起来的，只要一方抽手或者疏忽了，那么另一方就会因此受伤，爱情的玻璃心总是最容易破碎的。

　　结婚两年了，萍独自一个人守着餐桌上丰盛的晚餐而叹气。今天是她和浩的两年结婚纪念日，原本说好在家里两人好好庆祝一番的，但是浩却在萍准备好晚餐的时候打来电话，说是晚上有事要加班，让萍先吃，加班回来后好好补偿她。

　　又是加班，上次萍生日也是加班，结果萍一个人流着眼泪吃完了蛋糕，浩回来的时候已是凌晨，洗漱完刚挨着床就睡熟了。萍能够理解浩的辛苦，也可以体谅他的不容易，但是她却无法做一个毫无怨言的贤妻。他们刚刚结婚才两年，这两年来再也没有了婚前的那种甜蜜，她逐渐开始讨厌一个人吃饭的感觉，浩总是有加不完的班，每次都是"对不起"以及"好好补偿"，但是兑现的次数很少。刚开始的时候，萍还会和他争吵，伤心的时候会一个人一边回忆着往日的甜蜜一边流泪，但是如今，她不再争吵了，也不会流泪了，甚至连往昔的甜蜜也变得模糊了。这段感情已经名存实亡，萍一个人在这段婚姻中唱独角戏太久，她决定离开。于是，在他们结婚的第二个纪念日，萍留了一份已经签名的离婚协议书，带着行李去了另外一个城市。

　　当屋子里再也没有了萍的味道的时候，浩才发现，自己原来已经熟悉了那个人的存在，因为熟悉，所以理所当然地忽略了她，以为她都理解。但是就是在他的自以为是中，永远地失去了她。

　　没有激情的婚姻，就好像是一杯没有味道的白开水，喝久了，也就产生了厌烦的感觉，总想尝尝其他的味道。婚姻何尝不是如此？正因为有了一种想当然的认为：在一起生活了那么久了，还要什么激情啊？这就是婚姻中许多人的观点，而正是这个观点让许多的婚姻破裂了。

　　工作没了可以再找，快乐没了也可以重新得到，但是那个曾经深爱的人走了，想再找一个替代可就难了。经营婚姻就好像是写小说，任何人喜欢皆大欢喜的结局，但是过程太过波澜不惊，即使结局很精彩，还是没有人会坚持看完；如果在平淡中突然出现精彩的一笔，那么读者的兴趣一下子就会被激起，于是就在这一些偶尔的高潮中将一本小说读完。太过平淡的婚姻，就像是一潭死水，只会将双方都闷死在里面。

现如今旅游是一个时髦的话题，什么，两日游、一日游之类的，完全可以让休假的两个人好好放松一下，为什么不舍得将自己休假的时间给爱人来支配呢？陪她们旅游一下，对自己也没有什么坏处吧？为无谓的婚姻带来一点激情也不是一件很难，或者成本很高的事情。而事实就是这样的激情对于婚姻真的很管用，甚至有起死回生的效用。

小陶最近很纠结，她是一位某出版社的编辑，工作很轻松，她自己的空闲时间也很多，这样就导致自己时常有很多的时间在家。但是她的老公却在一家外贸公司上班，加班是家常便饭，甚至节假日都不休。虽然有加班费什么的，但是小陶情愿不要那些钱，只想让老公多陪陪自己。老公却对自己的事也很重视，结婚三年了，他们从来没有一起度过蜜月，因为结婚的时候，老公的公司只批了三天的假。

小陶不想再这样下去了，因为她觉得老公已经完全因为工作而疏忽了自己，他们的感情本来就不怎么深，婚姻完全是父母们的安排。小陶觉得和老公生活在一起毫无激情，而且心里很累，于是决定好好谈谈，将这段婚姻结束。

老公听后，对小陶也很愧疚，但是他说自己尊重小陶的选择，小陶忽然有种哭的冲动。但是老公随即请求小陶答应和自己一起去一处著名的度假村度假，算是分手时的告别。小陶想想便答应了。

第一次小陶有了感动，他原来是一个很细心、体贴的人。小陶编的每一本书，他都能说出其中的内容，小陶喜欢什么颜色，喜欢吃什么他也一清二楚。那晚，他们喝了很多酒，小陶听到那个男人说了很多的

"对不起"，但是"我爱你"也很多。他向小陶说出了自己的人生理想：趁年轻的时候赚很多钱，然后和小陶一起去旅游，看她写书……小陶哭了，她第一次发现，原来自己一点也不了解这个男人，更不知晓这个男人对她的爱。

本来是离别的假期，却度成了蜜月。小陶回来之后再也没提过离婚的事情，而她每天独自一个人在家的时候，也不会有被忽略的感觉了，她知道他在努力地赚钱，赚取他们的未来！

有人说，时间就是挤出来的，再繁忙的人，也会有假期的。将自己看电视、打麻将的时间抽出来，带着自己的爱人去外边走走，一起在公园里散散步，一起站在天桥上聊聊家常……事在人为，只要你有心，你的爱人又怎么会忽略你的心意呢？她们有时候很容易知足，她们喜欢被对方在意的感觉，并不是非要搞得如何浪漫，如何隆重。

心语心愿

重新度个蜜月，给自己的心灵放个假，不要让生活和工作成为结束婚姻的工具。偶尔的激情，是婚姻必需的点缀，往往在点缀的吸引下，物体本身才会显得更加迷人，婚姻生活也是。

5. 在赞美中找到连接心灵的纽带

寻求心灵连接的纽带，在婚姻中，不管是男人还是女人，都需要对方的赞美，在赞美中彼此就可以找到自信的力量。当然，在赞美中，两个人的婚姻就不会被生活的琐碎所压迫，无负重的婚姻是美满幸福的。

马克·吐温曾经说："一句赞美的话，可以让我活两个月。"按照字面意思来理解，赞美的话可以维持一个人的生命。那么婚姻之中，夫妻之间，只要多一些相互之间的赞美，就一定能够避免很多矛盾和争吵。

其实赞美一个人真的很简单，你只要夸奖属于他（她）独有的特点即可。如果妻子做了新头发，做丈夫的可以告诉她，这个发型超适合她，让她显得更漂亮了；当妻子做好了饭菜，丈夫只要津津有味地将它吃完，那就是对妻子手艺最好的赞美。妻子需要丈夫的赞美，当然丈夫也需要妻子的赞美。没有人会排斥别人的赞美，越是亲近的人的赞美的魔力越大。有这样一个故事，就是因为妻子不懂得赞美丈夫，以至于两个相爱的人结束了自己的婚姻。

在办完离婚手续的那一刻，田丰如释重负地轻叹了口气。晓星的心却一下子疼了，难道田丰就那么迫不及待地想离婚吗？他们结婚两年了，有车有房，日子过得还算滋润。突然的婚变让晓星措手不及，田丰只是说自己在外边有了女人，于是只用了一周的时间就离婚了。晓星始终不知道自己错在哪里。

田丰在一家著名的IT公司上班，薪水很高，压力却不小。田丰经常加班，回来很晚，没多少时间和晓星在一起。但是晓星却看到和田丰一个公司的男子，经常带妻子出去玩。晓星甚至有点嫉妒那个人的老婆，于是晓星跟田丰说起自己的感受，田丰只是敷衍几句，说得多了，就干脆不理。田丰结婚前的表现，让晓星觉得自己受到了欺骗，于是在田丰提出离婚的时候，就毫不犹豫地同意了。

离婚之后，两个人之间的关系却突然变得坦然了很多，晓星发现田丰也不再像结婚后那般忙碌了。三个月之后，田丰给晓星打电话，说是自己已经有了理想的伴侣，想在结婚之前和晓星吃最后一次饭。

那天，晓星特意去了趟美容院，晓星不想输给田丰的"理想伴侣"。可是来的却是田丰一个人，看起来他成熟稳重了不少。田丰说晓星比以前更漂亮了，而晓星略带苦涩地说，自己再漂亮还不是被抛弃了。晓星追问，是不是自己不够漂亮，或者赚钱不多，田丰才会去另觅伴侣？

田丰摇头，猛灌了好几口酒，才说根本没有那个女人，是因为晓星从来不肯给自己一两句赞美的话，田丰每天工作那么累，回来之后晓星还说自己比不上这个，比不上那个，田丰的心里憋得难受，所以才会说出第三者的谎言。晓星终于知道，原来离婚的原因就在于晓星不肯赞美田丰，晓星有些伤心，也有些释然，因为他们的婚姻还可以挽回。

婚姻中，不仅女人需要赞美，男人同样也需要赞美。男人需要在社会上获得他人的认可，包括经济和地位。但是伴侣的赞美比其他成就感具有更高的地位，因为伴侣是他最重要、关系最密切的人，所以，女人不要吝啬自己的赞美。当然，作为男人，要想自己的妻子善解人意，那就不要老是将"你好笨"、"你就会瞎胡闹"这样的话语对着妻子说出。女人们在一起的时候，喜欢谈论自己的丈夫，经常得到丈夫赞美的妻子，她所说出的每一句话，都是对丈夫的赞美和满意。自然两个人的婚姻也就会更加和谐美满。

小雅已经是一家知名出版社的编辑了，每月的工资从未跌下6000元，她之所以能有今天的发展，全赖丈夫的一句赞美。

记得他们刚结婚的时候，丈夫有一份很不错的工作，但是小雅却不知道自己干什么。她不想每天都待在家里做个全职太太，但是她先后找了好几份工作，都是干满一个月就辞了，因为她发现自己不喜欢那些工作。她最喜欢做的事情就是每天把自己所经历的事情以及对生活的一些心得写下来，她喜欢听手指敲击电脑键盘的声音。

有一次，丈夫无意中看到了小雅所写的东西，然后说了一句："老婆，你文章写得这么棒，简直就是天生做文字工作的料啊！"这一句话，让正在为工作闹心的小雅找到了希望，她立刻选择一家出版社投了简历，很快就接到了面试通知。

就是丈夫的这一句赞美，让小雅发现了自己的特长，找到了适合自己的事业，并得到了好的发展。

"百年修得同船渡，千年修得共枕眠"，既然结为夫妻，拥有了一份婚姻，就应该好好地经营它。赞美的话，说得再多，听者也不会觉得腻。对自己的另一半，说上一两句赞美的话语，并不是一件很难的事情。在婚姻中，不要让理所当然蒙上我们的眼睛，我们应该善于发现对方美好的一面，然后好好地夸上一夸，相信会有意想不到的惊喜。

都说人总是向着所说的发展。如果妻子老是称赞丈夫有责任心、爱家，那么他就会因为你的赞美而变成一个负责任、爱家的好男人；如果丈夫逢人就说自己的妻子多么地善解人意，将家里收拾地多么干净，饭菜做得如何好吃。那么她为了证实丈夫有眼光，就会努力让自己变成一个上得厅堂下得厨房的妻子。其实，婚姻就是在彼此的赞美之中逐渐美满的，而夫妻的感情也会在赞美之中逐渐升温。

在婚姻中，赞美是一种动力，它可以让双方用心经营自己的婚姻，也可以让两个人的心更加贴近。不要吝啬自己的赞美，因为，只有在赞美中才可以找到心灵连接的纽带，只有在赞美中才可以找到婚姻中的藏宝图。

心语心愿

夫妻之间需要赞美，女人的赞美能够给男人带来信心，让他们的事业更加成功；男人的赞美，可以给妻子带来幸福的感觉，她们会减少对你的抱怨，当然会花更多的心思去经营你们的婚姻。婚姻中，赞美就是心灵连接的纽带。

6. 无声的支持胜过千言万语

婚姻中的两个人就好像是偎依在一起相互取暖的小兽，在外边他们可以用自己锋利的爪子吓跑敌人；但是在家里，他们就会将自己内心的脆弱展现在对方面前。没有什么比爱人的支持更能鼓励人心的了，婚姻中，无言的支持就像是绽放在两个人心灵中的彩虹，胜过千言万语。

婚姻中的男女需要相互支持。女人就好像是男人的缓冲地带，是他快要倒下时的一种支撑。婚姻是男人和女人共同做的一个甜蜜的茧，在这个茧里或了此一生，或破茧成蝶，全凭两个人的造化。

两个人相爱容易，但是成为夫妻以后，长久和睦相处却不是一件容易的事情，所谓"情人好做，夫妻难当"。舌头与牙相处久了，必然会产生种种摩擦，但这就意味着彼此的感情一定会破裂吗？当然不。

有句话这样说："你的支持就是给我最珍贵的爱！"在家庭生活中，夫妻之间相互支持是一件很重要的事情。这样的事情很常见，结婚前，许多女孩子总会将自己喜欢的男子看做是最有本事、最棒的那个人，只要是男子想做或者喜欢做的事情，她们总是会表现出莫大的支持，这让男子感觉自己找到了一生的知己。但是结婚以后，女孩子却发生了180度的大转变，她们会因为种种原因，对男子们想做的事情抱着怀疑的态度，总是会不自觉地问："你行不行啊？我看，你自己就那点本事，还是做点力所能及的事情吧！"这话会让作为丈夫的男子感到伤心，连自己的老婆都对自己没有信心，不支持自己，那自己还能做些什么呢？于是，他可能会放弃不断进步的机会，在老婆的质疑中，庸庸碌碌地过完一辈子；或许他会另外去找一个支持、相信他的女人，然后和那个女人过完一生。

在婚姻中，妻子需要丈夫的支持。或许在婚前，她们从来都没有做

223

过饭，但是为了老公，婚后，她开始积极地下厨做菜。即使她做的菜真的很难吃，但是作为丈夫，千万不要挑剔这个那个的，应该表现出对她的支持，只要让她一直保持做菜的积极性，那么总有一天你会吃到一顿可口的饭菜。因为，对于女人来说，男人的支持就是对她们的一种鼓励，爱的鼓励总是威力要大一些。

不仅妻子渴望丈夫的支持，丈夫更渴望妻子的鼓励。比如丈夫在工作中遇到困难的时候，回家之后一般都会向妻子诉说。如果妻子十分关怀地对丈夫说："你要相信自己的能力，你肯定会做好的，我支持你！"简单的一句话就会使丈夫信心倍增，只要放松紧张的心情，工作中的困难就迎刃而解了。反之妻子对丈夫的诉说加以讽刺："我就知道你什么事都做不好，我怎么会嫁给你这样的笨蛋，你除了会吃，还能干点什么呀？"恶言一句六月寒，这样的话不仅会伤害丈夫的自尊心，对工作毫无帮助，而且也会伤了夫妻之间的感情。因此，夫妻之间的批评挑剔、互相揭短，只会使夫妻关系慢慢变得脆弱、变得冷淡。

有两个好朋友，他们结婚以后还经常在一起喝酒聊天，但他们聊天的内容却十句里面九句都在聊自己家里的那位。甲说自己觉得和妻子无法过下去了，他现在的工作根本无法让他充分发挥自己的才能，好几次他都向妻子提出想换工作的想法，每次都会被妻子的冷言冷语噎得哑口无言，他真的不理解，婚前那个万般支持他的女子怎么会变成这样子？

乙说自己越来越爱妻子了，因为他感觉到她越来越善解人意了。就拿他决定自己创业的事情说吧，自己曾经在一家知名的企业上班，因为经常出去谈业务，和那个圈子的人也熟悉了，于是他想自己单干。当时他就给妻子说了自己的想法，结果妻子举双手赞成。不仅将家里所有的存款给了丈夫，而且听说资金不够时，在她的父母以及朋友那里又借了好多。就是妻子的支持，他才会有今天的成就，他的公司已经成立几年了，不仅还清了所有的欠债，而且还在圈内小有名气了。他认为这一切妻子的功劳最大，于是对她更好，他们的婚姻生活也更加融洽。

由此可见，夫妻之间需要相互支持，需要相互鼓励，这样夫妻间的爱情之树才会常青。生活中，夫妻间彼此都会把对方的支持、赞美和信任藏在心底。妻子的一分支持，足以让丈夫得到莫大的鼓舞，就是那种"为了你，一切都值得"的感觉，于是他会拼尽全力让自己事业有成，也是为了回报妻子的那一番支持。

如果生活中多的只是沉默、孤寂和相互拆台，那样生活必定令人生厌。连最亲近的人，都无法给予自己支持和关心，那么其他人就更不必说了。男人结婚以后，一般会将守护妻子和家看做是自己的一份责任，一生值得守护的东西，所以女人千万不要泄了他的气，让他将这份责任、这份守护丢弃。

有人说过，爱情像一笔存款，相互支持可以让存款的数字增大，相互拆台只会让存款越来越少。支持自己的爱人，相信他们的能力，让爱情的彩虹绽放在两个人的心间。

心语心愿

丈夫需要妻子的支持，才能对自己充满信心，而妻子只有得到丈夫的肯定，才会全心全意去经营自己的婚姻。支持可以很简单，一句话、一个眼神、一个不经意的动作……只要是出自真心的，那么千言万语也会在其面前显得逊色。

7. 拥有善解人意的心灵

能不能将自己的爱人留在身边，让彼此的婚姻走到生命结束的那一刻。其实在婚姻中双方都扮演着很重要的角色，妻子的温柔和善解人意，会成为老公停驻的理由。丈夫的善解人意，也会成为妻子一生依赖的借口。

在爱情的寻寻觅觅中，每个人都有他们心目中的另一半，所谓仁者见仁，智者见智，情人眼里出西施，没有哪个男人不渴望那个将来陪伴自己一生的女人，既漂亮又温柔，而且善解人意。而每个女人也希望自己的丈夫体贴入微，懂得嘘寒问暖。

善解人意的女人可以为自己的男人分担生活的压力。她们懂得男人的心思，会在他最脆弱的时候给以安慰；在他忘乎所以的时候，谆谆劝慰。她们几乎是每个男人心目中最理想的妻子，她们可以给自己的男人带来信心，帮助他们成功。

青玄和雪儿虽然结婚了，但青玄一直受到雪儿家人的鄙视，因为他是一个从山村里走出来的穷小子，而她是家中唯一的女儿。雪儿家庭显赫，三个哥哥都在家族的企业中担任要职。他们的婚姻女方的亲戚没有一个人赞成，但是最终拗不过雪儿的坚持，所以勉强让两个人结了婚。

虽然雪儿是出生于富贵家族的娇娇女，但是却有着一颗纯美的心。婚后，她一改往昔的娇惯，以别人无法理解的方式做着一个的妻子。她将家收拾得干干净净，对青玄更是体贴入微，而青玄感动于她的善解人意，于是在工作上分外用心。

最让青玄难堪的就是雪儿家族的聚会，不去吧，不合适，去吧，又会遭受众人的奚落。这次是雪儿妈妈的生日，他和雪儿买了礼物，一起去参加聚会。虽然雪儿嫁人了，但是家人依旧当她小公主，父母、哥哥都对她疼爱有加。每每看到雪儿消瘦的脸庞，一大群人总是会责备青玄照顾不周。雪儿一直都在当和事佬，总是在家人面前说青玄的好，久而久之，家人也慢慢改变了对青玄的看法。青玄觉得雪儿是世界上最善解人意的妻子。

有一段时间，青玄因为工作忙，所以疏于给自己家中打电话，是雪儿主动给那边打电话，让他们知晓儿子的近况，并且时不时地寄钱给山村的两位老人。这一切青玄都默默记在了心里，他觉得雪儿是最孝顺的儿媳妇。

在青玄事业成功之后，他说自己最感谢的人就是妻子雪儿，因为雪儿的善解人意，才让他专心搞自己的工作。而他们的婚姻也受到了众人的羡慕。

在婚姻中，要做就做一个善解人意的妻子，善解人意的妻子，可以留住丈夫的心，可以让两个人的婚姻长久美满。女人不仅要如此，作为男人，一个体贴入微、知冷知热的男人，在任何女人的眼里，都是最优秀的丈夫人选。

我们每个人都希望要找一个完美的另一半，但是事实证明，最后真正能找到幸福的永远是那些能善解人意，经得起时间考验的人。他们不见得一定都很美丽或富有，甚至有的人很普通。在婚姻中，我们要想找寻幸福就要遵循以下的说法：你要是没有容貌，那你就要有不俗的气质；你要是没有气质，那么至少要温柔体贴；如果连温柔也没有，那就要做到善解人意。

男人会因为女人的善解人意而感动，并为之遮风挡雨；女人也会因为男人的体贴入微而付出一切。婚姻中，男女其实都一样，男人喜欢善解人意的妻子，女人同样喜欢懂得嘘寒问暖的丈夫。因为，维持婚姻必不可少的就是温暖，只有善解人意才可以给彼此温暖。

任何一个人看到沈燕都觉得她是一个天生的女强人。干练的气质、良好的修养，一举一动无不散发出成功女人的魅力。但是她却有一个普通得再也不能普通的丈夫，并且这个丈夫在一家小饭店做厨师，有时候一年挣的钱还没有沈燕三个月挣的多。但是沈燕却很喜欢自己的这个丈夫，他们的婚姻生活很幸福。

他们相识就是在她丈夫工作的那个小饭店里。有一次沈燕陪一位客户吃饭，那客户听说那个小饭店中厨子做的川菜很不错，于是两人专门跑来吃川菜。客户点了很多菜，但是都是带辣的。沈燕胃不怎么好，不敢多吃辣，但是碍于客户，所以只是勉为其难地夹上一两口。谁知，后来上菜，一样的菜总是有两份，一份有辣，一份没有。沈燕很奇怪，于是问服务员什么原因。服务员说是厨子告诉他这样做的。沈燕忽然有些感动,觉得这个厨子真好。后来客户对这家的饭菜赞不绝口,直呼过瘾。和沈燕公司的合作也就很快定了下来。

慢慢的,沈燕会时常来这个饭馆吃饭,她见到了那个让她感动的厨子,后来也不知怎么的,就喜欢上了彼此,最后步入了婚姻的殿堂。婚后,沈燕常常因为忙于工作而忘记吃饭,而他总是不厌其烦地打电话提醒。回家后更是变着法子做沈燕喜欢的饭菜,沈燕的胃病也慢慢好了。沈燕很喜欢自己的丈夫,有人问她为什么会选他?沈燕回答,或许和他在一起,就是因为那一份不带辣的川菜吧!一个体贴入微的男人,没有人会不喜欢他。

如果问婚姻最需要的是什么。答案应该是一个体贴入微、善解人意的伴侣。体贴入微的丈夫、善解人意的妻子,在相互理解中架起婚姻的桥梁,在相互照顾中找到沟通的纽带,在相互支持中传播彼此的关怀。这样的婚姻,除了用幸福美满形容,还能找到更贴切的词语吗?是否拥有让我们的满意的婚姻,主要就在于你有没有一颗善解人意的心灵。

心语心愿

婚姻是什么,婚姻就是两个人在一起过日子,会有争吵,但是也会有欢笑;会有烦恼,也会有幸福。主要看双方如何掌握,如果拥有一颗善解人意的心灵,那婚姻幸福与否,就掌控在彼此的手中。

8. 温暖是家的真谛、心灵的栖息地

家是什么?是一束温暖的阳光,可以融化掉心上的冰雪寒霜;是一盏明灯,可以照亮夜行人晚归的路程;是一个温馨的港湾,可以遮挡人

生中不可避免的风风雨雨。家是一个人疲劳时的归宿，温暖是它的真谛。

家，是两个人用爱搭建的小窝，是共同养育麟儿的爱巢，是充满温馨的港湾……只是，有太多的人不懂得经营家的意义，最终使其成为一个单纯地睡觉之所，甚至是硝烟弥漫的战场……

有一个富翁醉倒在他的别墅外面，门口的保安扶起他说："先生，让我扶你回家吧！"富翁反问保安："家？我的家在哪里？你能扶我回到家吗？"保安觉得富翁肯定是喝多了，才会在走到家门口的时候，都不知道自己的家在哪里。于是他指着不远处的别墅说："那不是您的家么？"富翁指了指自己的心口窝，又指了指不远处的那栋豪华别墅，一本正经地、断断续续地回答说："那，那不是我的家，那只是我睡觉的房屋。"

家不仅仅是房屋，不是彩电，不是冰箱，也不是物质堆砌起来的空间。物质的丰富固然可以给我们一点感官的满足，但那是转瞬即逝的。试想，如果在那个空间中，充满了暴力和冷战，夫妻即使同床，也做着不同的梦，原本的形影不离，变成了貌合神离。那么这个家，就已经不再是家了，因为没有了温暖，家只是一个休息睡觉的房子。别墅、汽车，不过是这个现代化的战场中的悲剧的摆设罢了。

既然家不是财富堆砌起来的空间，那么家到底是什么呢？家在哪里？记得有人说，步入婚姻的两个人本是一体，但是由于某种原因被迫分开，所以他们能在一起其实是命运使然。是命运让他们在一起，然后去经营一个家。这个家经营的是好是坏，就看两个人心灵的默契度了。只有不掺杂任何私欲的婚姻，才能让这个家充满温暖。

林风是一个很优秀的男子，但是让人惊奇的是，他的妻子却显得很不起眼，并且是一个来自农村的曾经结过婚的女子。许多人都不理解，追求林风的漂亮女孩子多了去了，他偏偏哪个都不要，却主动去追求一个离婚了的农村打工妹，并且最后还和她一起步入了婚姻的殿堂。

林风不管是出差还是加班，都会给妻子打上一个电话告知。同事们笑他是妻管严，他却一笑置之；同事们问得急了，林风就说，只有妻子才能给他一种家的感觉。于是，有一些好事的同事，决定抽空拜访林风的"家"，感受感受林风所说的感觉。

当同事跟着林风到家后，他的妻子先是一愣，然后赶紧笑着招呼众人，临了还瞪了林风一眼。林风却笑哈哈地不予理睬。林风家的房子并不大，但是布置得很温馨，客厅里最显眼的不是家用电器，而是挂在墙壁上的两盆吊兰，已经开出了淡蓝色的花朵，自有一股清香，让人感觉心旷神怡。同事们还看了其他的房间布置，但是都有一种温暖的感觉，看得出，布置房间的人，在其中倾注了自己的爱。他们有点明白林风恋家的理由了。

饭菜很平常，但是却非常可口。第一次在吃饭的时候，他们感觉到了温暖，待在这样的一个家中，除了舒适就是轻松，没有人愿意轻易离开。同事们终于明白林风为什么会选这个农村打工妹做妻子了。因为在她的身上，可以感觉到家的温暖。再多的物质也堆砌不起来，再多的金钱也没有这般暖人心，林风的家中有两个人的爱，这个家如此温暖，是因为主人在用爱经营着。家其实在每个人的心中，家的真谛就是温暖。

是啊，两个相爱的人一旦步入婚姻之后，第一件事情可不就是建立起一个家庭吗？不管是自己花钱买的房子，还是租的房子，对于相爱的两个人来说，都是温暖的。偶尔的小吵小闹是家中最动听的歌曲，柴米油盐让家变得更真实；在吵闹中体会婚姻的趣味，在柴米油盐中得知生活的意义。对于真正的家来说，房子只是它的载体，物质是它的辅助品，而两个相爱的人才是家的核心，只有当一个房子里充满爱的时候，才可以称得上是家。

寻找自己的家，在某种意义上是人类的一种宿命。而每个婚姻失败的人，在本质上，都是无家可归的漂泊者。和浪迹天涯的人相比，充其量只是多了一个被称为"家"的物质外壳。因为没有温暖，没有心灵的牵挂，所以对于他们来说，那个所谓的家只是一个冰冷的房子，而婚姻，对于他们来说，只是一个无法挣脱或者不想挣脱的束缚。没有了温暖的家，和牢狱没有什么区别，没有了爱的婚姻，也就是一个做不完的噩梦。

真正的家是一个温馨的港湾，是人们心灵可以得到安宁的栖息地。无论何时，双方都能体会到浓浓的温暖存在。用心关爱生命中的另一半，既然他是我们自己选定的终身伴侣，那就应该用一生的时间去不断地了解他，读懂他。有家的人，对家总是有一种过分的依恋，因为家里有他挂念的人。在家里，每个人可以撕下伪装的面具，完全敞开心扉，可以完全拥有信任，也可以充分得到理解。如果我们让家充满幸福，那么家也会拿温暖来报答我们。

婚姻是一个家的承载，两个人在一起可以发生争吵，但是争吵只适宜作为生活中的一种调剂，没必要大动干戈，闹得你死我活的。在婚姻中，要多一份理解，少一份抱怨，多一份支持，少一份争执，这样的婚姻才会让两个人的心灵不受伤，也不至于让婚姻成为一种心灵的负担。只有让家在温暖中成长，那么婚姻也会在温暖中绽放美丽的花朵。

心语心愿

我们都可以拥有一个家。但是，一个家的真谛是温暖，没有人愿意回到一个冷冰冰的家中。一个不愿意回家的人，他的婚姻也不会幸福美满。对于一个人来说，拥有一段失败的婚姻，远比拥有一份失败的事业痛苦。

篇四　情感篇